Telecommunications

Veröffentlichungen des / Publications of the

Münchner Kreis

Übernationale Vereinigung für Kommunikationsforschung
Supranational Association for Communications Research

Band / Volume 6

Kommunikation über Satelliten

Communication via Satellites

Vorträge des am 23./24. Oktober 1980
in München abgehaltenen Kongresses

Proceedings of a Congress
Held in Munich, October 23/24, 1980

Herausgeber/Editors: W. Kaiser/U. Lohmar

Springer-Verlag
Berlin Heidelberg New York 1981

Münchner Kreis
Übernationale Vereinigung für Kommunikationsforschung
Supranational Association for Communications Research
Ludwigstraße 8, D-8000 München 22, Telefon: (089) 284909

Wissenschaftliche Betreuung des Kongresses:

Prof. Dr. Wolfgang Kaiser
Institut für Nachrichtenübertragung, Universität Stuttgart
Breitscheidstraße 2, 7000 Stuttgart 1

Prof. Dr. Ulrich Lohmar
Stiftung für Kommunikationsforschung
Am Fronhof 8, 5300 Bonn 2

CIP-Kurztitelaufnahme der Deutschen Bibliothek
Kommunikation über Satelliten :
Vorträge d. am 23./24. Oktober 1980 in München abgehaltenen Kongresses = Communication via
satellites / [Münchner Kreis, Übernationale Vereinigung für Kommunikationsforschung]. Hrsg.:
W. Kaiser – Berlin ; Heidelberg ; New York : Springer, 1981.
(Telecommunications ; Bd. 6)

ISBN 978-3-540-10751-4   ISBN 978-3-642-48804-7 (eBook)
DOI 10.1007/978-3-642-48804-7

NE: Kaiser, Wolfgang [Hrsg.]; Münchner Kreis; PT; GT

Vorwort

Auf dem Gebiet der Nachrichtensatelliten hat sich eine ungewöhnlich
steile Entwicklung vollzogen. Erst 15 Jahre ist es her, seitdem der erste geostationäre Nachrichtensatellit mit einer maximalen Kapazität
von damals nur 240 Fernsprechkanälen gestartet wurde, und inzwischen
ist die Technik so weit fortgeschritten, daß der in Bälde den Betrieb
aufnehmende neueste Typ, INTELSAT V, bereits 12 000 Fernsprechsignale
und 2 Fernsehprogramme gleichzeitig übertragen kann. In Zukunft werden
Nachrichtensatelliten mit noch größerer Leistung, scharf bündelnden
Antennen, hoher Ausrichtgenauigkeit und flexiblen Möglichkeiten des
Vielfachzugriffs die Erde umkreisen, wobei der Trend zu großen, auf
Plattformen montierten Relaisstationen mit riesigen Solargeneratoren
geht.

Kommunikationssatelliten sind aber nicht nur zur Übertragung von Fern-
sprech- und Fernsehsignalen geeignet, sondern werden immer stärker für
die Daten- und Textkommunikation, für die elektronische Briefübermitt-
lung und für Konferenzschaltungen verwendet werden. Zu den vielfältigen Einsatzfällen gehören auch die mobilen Dienste, die Verbindungen
zu Schiffen und Flugzeugen und auch zwischen Satelliten umfassen.
Darüber hinaus gibt es Satelliten zur Navigation und Erderkundung, ja
selbst zur Gewinnung und elektrischen Übertragung von Sonnenenergie
zur Erde sind Satelliten im Gespräch.

Eine besonders interessante Form der Nutzung eines Satelliten stellt
die direkte, flächendeckende Verteilung von Fernseh- und Hörfunkprogrammen dar. Derartige Satelliten strahlen eine so große Leistung ab,
daß die Signale mit einfachen Empfangsanlagen aufgenommen werden können. Damit ist der kostengünstige Empfang von Fernseh- und Hörfunkprogrammen auch in weniger dicht besiedelten Gebieten möglich. In den
Städten und dichter besiedelten Landstrichen stellen Fernsehdirekt-
satelliten allerdings keinen brauchbaren Ersatz für Breitbandkabel-
netze dar. Ein derartiger Satellit ist auf Grund seiner Übertragungs-
art zur weiträumigen Ausstrahlung einiger weniger Fernseh- und Hörfunkprogramme vorgesehen und damit als Programmzubringer zu Zentral-

stellen von Kabelnetzen prädestiniert. Für die Verteilung eines Regional- oder gar Lokalprogrammes ist er dagegen weniger geeignet und erlaubt auch keinen Rückkanal. Außerdem liegen die Kosten für eine einfache Satellitenempfangsanlage höher als diejenigen für den Anschluß an ein Breitbandkabelnetz, in dem die Satellitenprogramme neben vielen anderen verteilt und empfangen werden können.

Der vorliegende Band enthält die zu diesem Themenkreis auf dem Kongreß "Kommunikation über Satelliten" gehaltenen Vorträge. Mit dieser Veranstaltung wollte der MÜNCHNER KREIS über die aufsehenerregenden neuen Möglichkeiten der Satellitenkommunikation und deren Nutzungsformen unter möglichst vielen Gesichtspunkten informieren und einen Beitrag zur Klärung der noch offenen Fragen leisten. Da die Referate in deutscher oder in englischer Sprache, jeweils mit Simultanübersetzung, vorgetragen wurden, ist auch dieser Band weitgehend zweisprachig gestaltet. Jedem Vortrag in deutscher Originalfassung ist eine gekürzte Darstellung in englischer Sprache beigefügt, und umgekehrt.

In den Vorträgen des ersten Tages wurden die technischen und wirtschaftlichen Aspekte erörtert, wobei neben der Diskussion der verschiedenen Formen der Nutzung auch über bisherige Erfahrungen im Ausland berichtet wurde.

Die am zweiten Tag gehaltenen Vorträge betrafen die viel schwerwiegenderen medienpolitischen und rechtlichen Fragen bei der Nutzung von Fernsehsatelliten, die dann in einer Podiumsdiskussion vertieft wurden. Viele offene Probleme wie z.B. die allgemeine Mediensituation, die verschiedenen Formen der Trägerschaft, die Programmorganisation und -gestaltung, die über die Landesgrenzen hinausgreifende und damit internationale Regelungen erfordernde Ausstrahlung usw. stehen hier im Raum.

Der Kongreß versuchte, die notwendige Brücke zwischen den technischen Möglichkeiten, den verschiedenen Anwendungsformen und den medienpolitischen Gegebenheiten zu schlagen und damit zum besseren gegenseitigen Verständnis und zur Versachlichung der Diskussion beizutragen. Daß der Kongreß ein so interessantes Programm bieten konnte, lag ausschließlich an der Bereitschaft so vieler führender Experten und prominenter Persönlichkeiten, dabei mitzuwirken. Allen, die in so vielfältiger Weise zum Gelingen dieses Kongresses beigetragen haben, möchten wir hiermit unseren ganz besonderen Dank aussprechen.

Im Februar 1981

W. Kaiser
U. Lohmar

Foreword

In the field of communication satellites an unusually steep development has taken place. Just fifteen years ago the first geostationary
communication satellite with a maximum capacity of 240 telephone
circuits has been put into operation and now the most recent type,
Intelsat V, able to transmit simultaneously 12 000 telephone signals
and 2 TV programs, will soon become operational. Future communication
satellites will have even larger power, spot beam antennas, high
precision positioning and flexible multiple access capabilities with
a trend to large relay stations mounted on platforms and huge solar
generators.

Communication satellites are suitable not only for the transmission
of telephone and television signals but are used more and more for
data and text communication, electronic mail and teleconferencing.
Mobile services involving connections to ships and airplanes and,
of course, between satellites belong to the manifold application
fields. In addition satellites are being used for navigation and
earth exploration, and even the conversion and transmission of solar
energy to the earth is in discussion.

Satellites enabling the direct reception of TV and audio programs
form an especially interesting type of application. TV satellites
have such a large radiation power that their signals can be picked
up with simple receiving stations thus allowing people living in
sparsely populated areas of the earth to receive such programs. In
towns and higher populated areas TV satellites are not a satisfactory
substitute for broadband cable networks. Because of their method of
transmission such satellites are intended to distribute TV and audio
programs to large areas and, therefore, are especially useful for
feeding these programs into the head-ends of cable networks. They are
less suitable for the distribution of regional or even local programs
and do not allow return channels. Also, the expenditure needed for a

simple receiving station is higher than the connection to a CATV cable
network with a capacity far above the relatively few channels of a
satellite.

This volume contains the papers on these subjects given at the congress "Communication via Satellites". With this meeting the MÜNCHNER
KREIS wanted to inform about the spectacular new possibilities of the
satellite communication and their applications and to contribute to
the solution of open questions. The talks were given either in German
or English with simultaneous interpretation. Accordingly, this book
has been bilingually composed by adding to each paper an abbreviated
version in the other language.

The papers given during the first day covered the technical and economic aspects and gave a review of the different applications and of
the experiences obtained up to now.

The remaining papers presented on the following day dealt with the
more difficult mediapolitical and jurisdictional problems in using TV
satellites, which were further treated in a panel discussion. Many
open questions such as the general media situation, the different
organizational set-ups, the program generation and distribution, the
radiation which reaches far across the national borders and necessi-
tates international agreements, etc. need a solution.

The congress intended to build the necessary bridge between the technical possibilities, their forms of application and the political
issues, thereby helping to create a better mutual understanding and
an unbiased discussion. The fact that this congress was able to present such an interesting program was entirely due to the willingness
of so many leading experts and prominent individuals to participate
actively. We would like to express our thanks to all who, in so many
different ways, contributed to the success of this congress.

February 1981   W. Kaiser

                                                     U. Lohmar

Inhalt/Contents

Liste der Autoren
Index of Authors

Bacher, G.;   Generalintendant, Österreichischer Rundfunk,
                         Würzburggasse 30, A-1136 Wien

Bartholomé, P.;   Communication Systems Div., European Space Agency
                         and Technology Center, Domeinweg, NL-Noordwijk

Büchs, J.D. Dr.-Ing.;   AEG-Telefunken, Nachrichten- und Verkehrstechnik
                         AG, Postfach 1120, D-7150 Backnang

Casey-Stahmer, Anna E.; Government of Canada, Department of
                         Communications, Journal Tower North, 300 Slater Street,
                         Ottawa, Ontario, Canada K1A OC8

Detjen, C.;   Geschäftsführer des Bereichs Elektronische Medien
                         im Bundesverband Deutscher Zeitungsverleger e.V.,
                         Riemenschneiderstr. 10, D-5300 Bonn-2

Dingeldey, R., Dipl.-Ing.; Präsident des Fernmeldetechnischen Zen-
                         tralamtes, Am Kavalleriesand 3, D-6100 Darmstadt-1

Evans, B.O.;   Vice President; Engineering, Programming and
                         Technology, IBM Corporation CHQ, Valhalla, N.Y., USA

Finke, W., Dr.;   Ministerialdirektor im Bundesministerium für For-
                         schung und Technologie, Heinemannstr. 2, D-5300 Bonn-2

Häberle, H., Dr.-Ing. Deutsche Forschungs- und Versuchsanstalt für
                         Luft- und Raumfahrt, Post Wessling, D-8031 Ober-
                         pfaffenhofen

Kaiser,W.,Prof. Dr.-Ing.; Institut für Nachrichtenübertragung der
        Universität Stuttgart, Breitscheidstr. 2,
        D-7000 Stuttgart-1

Koelle, D.E., Dr.-Ing.; MBB-Raumfahrt, Postfach 801169,
        D-8000 München-80

Krath, H., Dipl.-Ing.,Ministerialdirigent im Bundesministerium für
        das Post- und Fernmeldewesen, Postfach 8001,
        D-5300 Bonn- 1

Lohmar, U. Prof. Dr.; Vorsitzender der Stiftung für Kommunikations-
        forschung, Am Fronhof 8, D-5300 Bonn-Bad Godesberg

Mahner, H.,Dipl.-Ing.; Siemens AG, Hofmannstr.51, D-8000 München - 70

Rupp, H., Dr.-Ing.; Standard Elektrik Lorenz AG, Ostendstr. 3,
        D-7530 Pforzheim

Wachtmeister, Anne-Margrete; Sveriges Television AB, S-10510 Stockholm

Witte, B.C., Dr.; Beauftragter für internationale Medienpolitik im
        Auswärtigen Amt, Adenauerallee 99-103, D-5300 Bonn-1

Diskussionsleiter
Session Chairmen

Baur, F., Dr.;   Mitglied des Vorstandes der Siemens AG, Balanstr. 73
                  D-8000 München-80

Gissel, H., Dr.; Mitglied des Vorstandes von AEG-Telefunken,
                 Lyonerstr. 26, D-6000 Frankfurt/Main-1

Haist, W., Dipl.-Ing.; Ministerialdirektor im Bundesministerium für
                 das Post- und Fernmeldewesen, Adenauerallee 81,
                 D-5300 Bonn-1

Witte, E, Prof. Dr.; Vorsitzender des MÜNCHNER KREISES, Institut für
                 Organisation, Universität München, Ludwigstr. 28,
                 D-8000 München-22

Teilnehmer an der Podiumsdiskussion
Participants in the Panel Discussion

Bacher, G.;   Generalintendant, Österreichischer Rundfunk,
                       Würzburggasse 30, A-1136 Wien

Baur, F., Dr.;   Mitglied des Vorstandes der Siemens AG,
                       Balanstr. 73, D-8000 München-80

Casey-Stahmer,Anne E.; Government of Canada, Department of Communica-
                       tions, Journal Tower North, 300 Slater Street,
                       Ottawa, Ontario, Canada K1A OC8

Dill, R.W., Dr;   Auslandskoordinator, ARD/Deutsches Fernsehen,
                       Tattenbachstr. 10, D-8000 München-80

Lohmar, U., Prof.Dr.; Vorsitzender der Stiftung für Kommunikations-
                       forschung, Am Fronhof 8, D-5300 Bonn-Bad Godesberg

Müller-Römer,F., Dipl.-Ing. ; Technischer Direktor des Bayerischen
                       Rundfunks, Rundfunkplatz 1, D-8000 München-2

Witte,E., Prof. Dr. ; Vorsitzender des Vorstandes des MÜNCHNER KREISES
                       Institut für Organisation an der Universität München,
                       Ludwigstr. 28, D-8000 München-22

Kommunikation über Satelliten

G. Bacher
Wien, Österreich

Als ich jüngst einem sehr wissenschaftlichen Kongreß beiwohnte,
leitete der Eröffnungsredner, ein weltbekannter Biochemiker, etwa
folgendermaßen ein : Das Eröffnungsreferat ist der dunkle Hintergrund,
von dem sich die nachfolgenden Referenten umso leuchtender abheben.
Dieses treffliche Motto möchte ich heute auch für mich in Anspruch
nehmen. Aus dem Programm entnehmen Sie unschwer, daß nach mir Viele
und Vieles leuchten werden.

Sie erfahren von mir daher nicht, was Sie alles schon gelesen haben
ehe Sie zu unserem Satellitenkongreß kamen, wiewohl es sicherlich
amüsant, aber unendlich mühsam gewesen wäre, Ihnen eine Auflistung
der prognostischen Flops, aller Widersprüche und Illusionen zu diesem
Thema zu geben. Sie erhalten von mir auch kein technisches Kulinarium,
weil science fiction zum Ressort der eingangs erwähnten Leuchten gehört, als deren dunkler Hintergrund ich mich verstehe. Ich erinnere
Sie auch nicht an die Ihnen selbstverständlich längst bekannten Tatsachen, was sich mit Satelliten alles begab, seit Mitte der Sechziger-
jahre Early Bird in ein neues Kommunikationszeitalter startete.
Ich möchte mich ausschließlich mit Direktsatelliten zum Zwecke des
Rundfunks, von Hörfunk und Fernsehen also, beschäftigen. Was dieser
Direktsatellit sonst noch alles an Kommunikativem kann - die elektronische Verbreitung der Parkinson'schen Gesetze, die Videokonferenz,

das Bildtelefon usw. - vernachlässige ich aus mehreren Gründen :
Erstens verstehe ich zu wenig davon, zweitens reicht meine Zeit nur
notdürftig für den Rundfunkaspekt aus, und drittens sind <u>Fernsehen
und Radio mit Sicherheit die Hauptsache der Direktsatelliten-Kommuni-
kation.</u> (Wenn man nicht jenen kopfschüttelnden Herren in vielen Chef-
etagen der europäischen Fernsehanstalten folgt, die besorgt fragen,
wozu man das brauche.)

Und damit sind wir schon mitten im Thema. Ein britischer Fachmann,
keineswegs wie ich als öffentlich-rechtlich verdächtig, sondern mit
kommerziellen Hufen ungeduldig scharrend, sagte unlängst in einem
Referat über neue elektronische Medien : "It is not proving at all
easy to estimate the market for any of these products or services,
but at present <u>the future of satellite TV in Europe seems to top
the list of imponderables.</u>" Und er fügte hinzu, daß der Satelliten-
alarm mehr technischen Enthusiasmus als Bedarfsanalyse und Markt-
entwicklung gezeitigt hätte.

Dieses Urteil ist zwar gewiß eine Übertreibung, jedenfalls aber stimmt
daran, daß rund um den Direktsatelliten die Spekulationen, Halbwahr-
heiten und Mythen nur so wuchern, daß man Hoffnungen an ihn knüpft,
denen er gar nicht entsprechen kann,und andere vernachlässigt, für die
er sich hervorragend eignet. Er mutet unendlich kompliziert an,
fordert geradezu die Kluft zwischen den Experten und dem Rest der
Menschheit heraus. Der Direktsatellit ist damit ein neues Versatzstück
unserer technischen Zivilisation, das sich zum Mißverständnis anbietet.

Sollten Sie aus dem bisher Gesagten den Schluß ziehen, daß ich ein Satellitenverächter bin, so befinden Sie sich im Irrtum. Ich zähle mich nur zu jenen, die um eine Sache Bescheid wissen wollen, ehe sie sich entscheiden. Das hat etwas mit den Schlagwörtern vom <u>Machbaren und vom Wünschenswerten</u> zu tun. Die Weltliteratur sah dieses Dilemma offensichtlich schon voraus, denn man hört bei Shakespeare den Narren sagen, daß schneller dort sei, wer nicht wisse, wohin er wolle. Und das Urteil Karl Kraus', wonach die Wiener das einzige Volk der Welt seien, das durch Schaden dümmer würde, scheint mittlerweile mondiale Geltung zu besitzen.

<u>Die kurze Rechts- und Sittengeschichte des Direktsatelliten mutet wie ein Psychogramm unserer Gegenwart</u> an. Unser Satellit steht nicht nur im traditionellen Beweiszwang jeglicher Innovation : Er verfügt über zusätzliche Pubertätsprobleme. <u>So darf er zum Beispiel technisch nicht können, was er selbstverständlich könnte.</u> Er ist gewissermaßen die erste Karikatur im Weltraum : Er hängt dort in 36.ooo km Entfernung als ein entwurzelter Sender, der weltweit könnte und nur länderweit darf. Obwohl wie alle Kommunikation zum besseren Verstehen geschaffen, beweist er nolens volens,daß der Eiserne Vorhang nicht nur ein Attribut politischer Erdenmühsal ist, sondern längst zur Weltraumausstattung gehört. <u>Was dem Osten sein Polit-Ghetto, sind des Westens advertising-claims bzw. die medienpolitischen Missionsgebiete. Der Satellit ist am wenigsten ein technisches Problem</u> (wenn man von der Sturzfreudigkeit europäischer Raketen absieht)<u>, er ist schon vielmehr ein Marktproblem,und er ist in Europa zuvorderst ein medienpolitisches wie ein völkerrechtliches Problem.</u>

Gestatten Sie einen Kürzestblick auf die fernmelderechtliche Lage.
1977 wurde auf der Genfer Konferenz der Internationalen Fernmeldeunion
(ITU, International Telecommunications Union) über die Vergabe von
rund 1.ooo Rundfunksatellitenkanälen in Europa, Afrika, Asien und
Australien gestritten und befunden. 1979 trat für die Regionen 1 und
3, das ist die ganze Welt mit Ausnahme der beiden Amerika, der Plan
von Genf in Kraft. Er sichert bekanntlich jedem Staat in der Regel
fünf Kanäle zu - je einen für ein Fernseh- bzw. für zahlreiche Hörfunkprogramme - und soll nach dem Willen seiner Schöpfer die erreichte
Ordnung für die nächsten 15 Jahre garantieren. Eine zweite ITU-Kon-
ferenz soll im Sommer 1983 die Frequenzen für die Region 2, den
Amerikanischen Kontinent, festlegen. Die Amerikaner hatten es mit
gutem Grund nicht so eilig. Sie sind der Meinung, daß die Grundlagen
der Genfer Beschlüsse schon überholt sind, ehe der erste Direktsatellit
gestartet ist. Überholt hinsichtlich der Sendeleistungen und der
Bodenantennen. Sie glauben -- zurecht, wie ich meine - daß der Direktsatellit viel mehr können wird, als man ihm auf der WARC-Konferenz
der ITU in Genf zugemutet und erlaubt hat. Die Amerikaner beobachteten
Genf nicht nur mit einem technichen sondern mit einem fundamentalen
Mißtrauen : Genf war für sie der Exerzierplatz europäischer National-
staatlichkeit, des kalten Ätherkrieges; in Genf gab vor allem die
Post (die heilige PTT) den Ton an. In Genf wurde den Rundfunkanstalten
mitgeteilt, was sie zu wollen haben. In den USA ist es eher umgekehrt:
Dort teilt die Kundschaft der Post mit, was sie will.

Die in Genf erreichte Ordnung repräsentiert nicht den Traum
vom internationalen, vom Weltfernsehen, wie es euphemistisch

genannt wurde. Die WARC 1977 (World Administrative Radio Conference)
war ursprünglich auf das länderüberschreitende, das supranationale
Fernsehen hin angelegt; theoretisch ist ja ein Satellit in der Lage,
ein Drittel der Erdoberfläche auszuleuchten. Eine Reihe von Teilnehmerstaaten, darunter die Bundesrepublik Deutschland, alle skandinavischen
Staaten, die Schweiz und Österreich, setzten sich für die sogenannten
"superbeams" ein, das sind Satellitenkanäle, die auf die Versorgung
grenzüberschreitender Großgebiete abzielten. (Heute gruselts den
1977ern schon angesichts des Luxemburgbeams.) Diese Bestrebungen
fußten völkerrechtlich auf der Idee der Informationsfreiheit (free
flow of information), technisch und wirtschaftlich auf der Tatsache,
daß die Fernsehversorgung großer Flächen mittels Direktsatelliten
sowohl nach Frequenz- wie nach Finanzierungsgesichtspunkten ökonomischer ist als das Festhalten am nationalstaatlichen Prinzip. Der
superbeam erblickte nicht das Licht der Satellitenkonvention, denn
der Plan von Genf muß sich an die Realitäten halten, und zwar an die
politischen und an die technischen : keine Frequenzzuteilung gegen
den Willen eines betroffenen Landes, niemand darf die zugeteilten
Frequenzen eigenmächtig ändern, "im Himmel wie auf Erden" gilt nicht
nur für das Vaterunser. Superbeam gibt's nur dort, wo sich die Staaten
darauf einigten, zum Beispiel für die fünf Skandinavier.

Sosehr die Mechaniker Eiserner und anderer Vorhänge auf strikte Ordnung bedacht waren, so störrisch gebärdet sich der Satellit, wenn man
ihn in das irdische Prokrustesbett zwängen will. Seine diesbezügliche
Charaktereigenschaft heißt "spill over". Zwischen beam (Reichweite)
(Keule, Reichweite) und spill over (Überreichweite) sind die

tranquilizers für elektronische Nationalstaatler ebenso angesiedelt
wie die appetizers für Freihändler und space-advertiser vom Schlage
Luxemburg.

Darf ich bei diesem Verwirrspiel etwas verweilen ? Die ITU-Regulations
sehen an sich vor, daß alles unternommen werden muß, grenzüberschrei-
tende Reichweiten so klein wie möglich zu halten. Was zwischen dem
Minimum und dem Maximum möglich ist, hängt von der Sendeleistung, der
Antennengröße und dem Anspruch an die Signalqualität ab. Praktisch
möchte ich es am Beispiel Österreichs erklären :

Beispiel 1: Güteklasse A des Signals und Annahme des Direktempfanges
durch Einzelantenne; hier umfaßt die Versorgungsellipse Österreich,
Graubünden, Südbayern und Westungarn, bei erstklassigem Empfang und
ohne Interferenzstörungen, also ähnlich wie die terrestrische Versorgung.

Beispiel 2: Gibt man sich mit einer Empfangsqualität zufrieden, die
unsereinen noch immer sehr befriedigt und nur ganz empfindliche Meß-
techniker stört, dann ist das Fernsehprogramm zumindest in ganz
Österreich, ganz Bayern, der halben Scheiz, in Norditalien, Slowenien,
Westungarn und in Teilen der Tschechoslowakei zu empfangen.

Beispiel 3: Wird dieses Programm unter Beibehaltung sämtlicher anderer
Ansätze nicht mittels Einzelempfanges sondern durch eine zentrale
Parabolantenne (1,8 Meter oder größer), einer Gemeinschaftsanlage
oder eines Kabelnetzes empfangen, <u>dann vergrößert sich der Längs-</u>

durchmesser des Versorgungsbereiches um mehr als das Doppelte. Beide
Deutschland wären dann drinnen, die Tschechoslowakei und Ungarn, im
Süden bis Mitteljugoslawien und Mittelitalien, die gesamte Schweiz und
Westfrankreich.

An den Variablen dieses Beispiels zeigt sich, daß die Reichweiten von
Satellitenprogrammen um hunderte Prozent divergieren. So beschreibt
etwa das schweizerisch-britische TEL-SAT-Projekt eine kleinste Aus-
leuchtzone mit 26 Millionen Haushalten, und eine größere mit schlicht
dem Doppelten, mit 55 Millionen Fernsehhaushalten. Diese wunderbare
Reichweitenvermehrung erreicht noch ganz andere Dimensionen, wenn
man mit dem explosiven Fortschritt in der Antennentechnik kalkuliert.

Obwohl also der Genfer Plan mit wenigen Ausnahmen auf die Versorgung
nationaler Territorien ausgerichtet ist, entstehen durch Hochleistungs-
antennen und durch die Reduzierung der Qualitätspegel multinationale
Versorgungsräume. Diese riesigen Reichweiten sind noch um einiges
größer, wenn für eine bestimmte Zeit nur ein einziger Direktsatellit
eines Landes vorhanden ist. Das könnte für Europa bedeuten, daß der-
jenige, der als erster und längere Zeit hindurch allein ein Satellitenprogramm auf supranationale Versorgungsräume sendet, einen nicht zu
unterschätzenden Wettbewerbsvorteil gegenüber den Nachzüglern erringt.
Dieser Vorteil wird allerdings mit Hinweis auf eine mögliche Durst-
strecke in der Antennenversorgung mancherseits bestritten. Das
spill over-Mirakel wird problematisch werden, wenn zuviele es nutzen.
Siehe Mittelwellensalat oder italienische Zustände, wo ein ungestörtes
Signal Seltenheitswert genießt.

Angesichts dieser Tatsachen nimmt sich die Zollvereinsmentalität etwa
dier Bundesrepublik oder Frankreichs eher anachronistisch aus. Der
Rütlischwur, auf dem TV-SAT keinen Dritten mitfahren zu lassen, wird
auf Dauer ebensowenig fruchten wie die Versuche, auf politischer Ebene
zu verhindern, daß ein Kommerzprogramm Marke Luxemburg das öffentlich-
rechtliche Rundfunksystem der Bundesrepublik Deutschland aus der
Luft bedroht. Der Medienpolitik ganzer Jammer fällt einen an, wenn
die Bundesregierung im Deutschen Bundestag sagt, daß sie sich "für
eine europäische Rundfunkkonvention einsetzt, die die Freiheit der
Information und Kommunikation im internationalen Rahmen gewährleistet,
aber die Beeinträchtigung nationaler Medienstrukturen durch Fremdkommerzialisierung verhindert". Ich habe als Chef einer öffentlich-
rechtlichen Monopolanstalt viel Sympathie für solche Blauäugigkeit,
ihren praktischen Wert sehe ich, wenn überhaupt, nur in einem Zeit-
gewinn gegenüber dem Unvermeidlichen. Ob es Radio Luxemburg in Mittel-
und Westeuropa mit Satellitenprogrammen geben wird oder nicht, hängt
meiner Meinung nach vorwiegend von der Zahl der Antennen ab, die diese
Programme empfangen und damit den Anzeigenmarkt schaffen. Die europäischen Staaten sollen der Satellitenherausforderung offensiv be-
gegnen, selbst erstklassige Satellitenprogramme machen - wozu ZDF
und ARD sicherlich imstande sind - und nicht das Heil in der Luftab-
wehr suchen. Ich fände es zum Beispiel großartig, wenn die österreichische Bundesregierung den Österreichischen Rundfunk beauftragte,
österreichische Kultur über ganz Europa abzuwerfen. Man kann sich
gar nicht vorstellen, wie wir "over spillen" würden. Vermutlich würde
aber dann Bonn in Wien anrufen und wiederum bliebe Luxemburg die
einzige kleine Großmacht im All.

<u>Aufregend ist der Direktsatellit auch in völkerrechtlicher Hinsicht.</u>
Wie mit allen anderen Dingen auch, beschäftigt sich der Weltraumausschuß der Vereinten Nationen seit langer Zeit mit einem Prinzipien-
katalog über Direktsatelliten - und wie gewohnt, stehen sich zumindest
zwei Ansichten unversöhnlich gegenüber. Hier der free flow of information, am entschiedensten von den USA, Japan und der Bundesrepublik
vertreten, dort die totalitär regierten Länder, die um ihre Staats-
religion bangen, sowie die Länder der Dritten und Vierten Welt, die
zurecht die elektronische Überfremdung befürchten. Die Totalitären
akzeptieren nicht einmal den "technisch unvermeidbaren spill over";
sie fordern daher bilaterale Staatsverträge und Konsultationen mit
Programmeingriffs- bzw. verhinderungsmöglichkeiten. Eine Lösung des
Streits ist vorderhand nicht in Sicht. Pikanterie am Rande : Die
äquatorialen Staaten wollen ihre territoriale Souveränität bis in eine
Höhe von 36.ooo km ober der Erdoberfläche ausweiten; dort hängen bekanntlich die geostationären Direktsatelliten. Dies widerspricht
freilich dem Weltraumvertrag aus dem Jahr 1967, der den Souveränitäts-
grundsatz für den Weltraum ausschließt. Nach allgemeiner Auffassung
reicht die Lufthoheit bis in eine Höhe von ca. 4o km.

<u>Vom Völkerrecht zum Urheberrecht</u> : Solange das Prinzip der national-
staatlichen Versorgungsellipsen in der Praxis gewahrt bleibt, stellen
sich keine Urheberfragen. Werden aber größere Räume versorgt, als sie
auch heute schon durch den spill over terrestrischer Senderketten gegeben sind, wird es zu neuen Lösungen kommen müssen. Sollten diese
Lösungen in die Richtung eines räumlich erweiterten Rechteerwerbes
gehen, so sind sie zwar für große, reiche Rundfunkanstalten, nicht

aber für kleine, wirtschaftlich schwächere finanzierbar. In diesem
Zusammenhang verweise ich auf eine Tendenz, die in Österreich durch
die Urheberrechtsgesetznovelle 1980 als erste sogenannte "europäische
Kabellösung" bestätigt wurde : Daß nämlich bei integraler und unge-
kürzter Übernahme von Auslandsprogrammen durch inländische Kabelbe-
treiber sowohl die Rechte wie auch die finanziellen Ansprüche derjenigen, die diese Programme schaffen und produzieren, weitgehend
zugunsten des Konsumenten geschmälert werden. <u>Autor und Rundfunkanstalt werden durch dieses Gesetz weitgehend enteignet, Kabelbe-
treiber und Konsument bevorzugt.</u> Dieses hoffentlich nicht international Schule machende Gesetz <u>widerspricht einem weltweiten rechtspoli-
tischen Trend: das Urheberrecht allseits auf- und nicht abzubauen.</u>
Die urheberrechtlichen Fragen sind jedenfalls noch lange nicht gelöst,
wenn sich der Direktsatellit in Richtung großer supranationaler Versorgungsräume entwickelt.

<u>Die Kommunikation durch Direktsatelliten wird sich unter sehr unter-
schiedlichen Existenzbedingungen entwickeln; wir müssen hier zumindest
vier große Zonen unterscheiden :</u>

A) <u>Große Länder und Kontinente der Industriewelt mit keinen oder
    wenigen Staats- und Sprachgrenzen.</u> Typus USA, Canada, Australien.
    Sie sind in jeder Beziehung das ideale Anwendungsgebiet für dieses
    Supermassenmedium. In diesen Räumen ist der Satellit jedenfalls
    billiger, mobiler, schneller installierbar als terrestrische Netze.
    Es ist Infrastruktur vorhanden und der Markt, der die Innovation
    finanziert. Die Finanzierung ist ein normales unternehmerisches

Problem, die völkerrechtlichen Differenzen und die medienpoliti-
schen Glaubenskriege europäischer Machart finden hier nicht statt.
Amerikanische Gesprächspartner reagieren nach dem alten Wiener
jüdischen Witz : "Ihre Sorgen möcht ich haben." (Anmerkung am
Rande : Ich habe lieber unsere Sorgen als das amerikanische
Fernsehen.)

B) Bringt der Direktsatellit <u>in den hochentwickelten Industriestaaten
quasi die Luxuskommunikation, so ist er in den Ländern der Dritten
und Vierten Welt</u> (wenn sie ausreichend groß sind), <u>sicher der
beste Weg zur Basiskommunikation</u>, sintemalen dort die terrestrische Alternative meist nicht existiert. Angesichts der fundamentalen Bedeutung von Erziehung, Ausbildung und Information in
diesen Ländern, eröffnen sich hier möglicherweise revolutionäre
Möglichkeiten der Entwicklungshilfe. Mangels Infrastruktur, soft-
and hardware, kommt aber zu allen finanziellen und technischen
Problemen noch die Gefahr des Identitätsverlustes. Die staatlichen Multis aus dem Osten und die privaten aus dem Westen,
Ideologie und Business, könnten hier zu einem verheerenden Kon-
kurrenzkampf antreten. Nach dem Motto Marx oder Marx-Brothers.

C) Die zweite, die kommunistische Welt, sieht den Satelliten vor-
nehmlich unter zwei Aspekten : Einmal als ein großartiges Instrument staatlicher Informations- und Kulturpolitik, als die denkbar
taugliche Galaxy sowjetischen Hegemoniestrebens. Zum anderen der
Kampf gegen den spill over, woher immer er stammen möge, ein
Kampf, der auf Dauer nicht zu gewinnen ist.

D) <u>Das freie Europa, dessen nationalstaatliche Rundfunkordnungen</u>
<u>nicht eben satellitenfreundlich sind</u>. Die höchstkultivierte
Rundfunklandschaft der Welt weiß im Augenblick noch nicht viel
mehr, als der österreichische Nationaldichter Johann Nestroy
schon im vorigen Jahrhundert wußte, als er nämlich in seinem
Stück "Lumpacivagabundus" feststellte, daß "der Komet kommt".
Der Komet kommt schon in der Hälfte dieses Jahrzehnts, bisher
hat aber meines Wissens noch niemand in den mit je fünf Fernseh-
Kanälen beteilten europäischen Staaten eine Satellitenlizenz erhalten. <u>Angesichts der Vorlaufzeit von derzeit noch sechs bis</u>
<u>acht Jahren kann ein Bewerber, der sich heute entschließt, erst</u>
<u>gegen Schluß des Jahrzehnts in der Luft sein.</u>

Von den fünf bis zur Stunde bekannten Projektanten - dem deutsch-
französischen TV-SAT, dem skandinavischen Nord-SAT, dem L-SAT der
europäischen Raumfahrtbehörde, den Luxemburgern und dem schwei-
zerisch-britischen TEL-SAT - <u>ist nur der Start der Deutschen Ende</u>
<u>1983 und der Franzosen 1984 sicher</u> (soweit in dieser Zunft irgend-
etwas sicher ist). Die Bundesrepublik wird also vermutlich den
ersten Direktsatelliten betreiben; angeblich wird das Programm
von den beiden öffentlich-rechtlichen Anstalten gestellt, eine
Zusage gibt es meines Wissens noch nicht, auch keine Entscheidung,
wer sonst die Programme stellen könnte; und das ist meiner Meinung nach recht typisch für die von Ingenieuren, Postlern und
Medienpolitikern beherrschte Kommunikationslandschaft. Hauptsache hardware, wofür wird sich schon noch finden.

Kommerzielle Satelliten-Europäer finden dank des spill over zwar
Bevölkerungspotentiale von US-Ausmaßen vor, ein Markt ist das
freilich erst, wenn es genügend Haushalte mit Empfangsausrüstungen
für den Direktsatelliten gibt. Der nach meinem Dafürhalten ge-
scheiteste europäische Rundfunkkaufmann, Generaldirektor Grass
von Radio Luxemburg, läßt sich daher auch keine grauen Haare
wachsen, weil er beim deutsch-französischen Satelliten nicht mitfahren darf; die Luxemburger Entscheidung hängt ausschließlich
davon ab, ob der Markt Abschreibung und Betrieb ausreichend
schnell finanziert. Und da steht außer Frage, daß der Direktsatellit die meisten Chancen hat, wenn er möglichst indirekt
kommt : über die leistungsfähigere aber für den Einzelnen billi-
gere Gemeinschaftsantenne und über die Kabelsysteme. Da man bis
zur Mitte des Jahrzehnts damit rechnet, daß etwa 5o Prozent der
mittel- und westeuropäischen Fernseh-Haushalte über Kabelsystem
oder Gemeinschaftsantennen versorgt werden, dürften die Markt-
chancen günstiger stehen, als noch vor kurzem erwartet. Um es bei
dieser Gelegenheit auch noch schnell zu erwähnen : Die oft gestellte Frage Satellit oder Kabel, stellte sich ja nie. Ebenso
unsinnig ist die Frage nach dem Weiterbestand terrestrischer
Senderketten. Abgesehen von der Tatsache, daß man sie hat, sind
sie aus vielen Gründen unersetzbar. Einer der wichtigsten davon
ist die weltweite Tendenz zu Regional- und Lokalrundfunk.

Nicht von ungefähr komme ich erst gegen Ende eines Referates, das
"Kommunikation über Satelliten" heißt, zum Thema Programm. Das ist
nämlich die unaufregendste Seite am Direktsatelliten. Von wenigen

Ausnahmen abgesehen, <u>kann er inhaltlich nichts anderes als jeder herkömmliche Sender.</u> Das Medium heißt Radio und Fernsehen, egal wer es
abstrahlt; <u>die Medienrevolution war das erste öffentliche Fernsehprogramm und ist nicht der Satellit.</u> Der Direktsatellit ist vornehm-
<u>lich eine quantitative Innovation;</u> ob daraus der qualitative Sprung
wird, steht hier tatsächlich in den Sternen. Die Ausnahme, in der der
Satellit prinzipiell <u>mehr und anderes kann</u> und nicht nur <u>mehr bringt,</u>
liegt in seiner grenzüberschreitenden Qualität, die man in Genf ein-
zuschränken versuchte. Erstmals wäre zum Beispiel ein Europaprogramm
möglich, vor allem dann, wenn pro Fernsehkanal drei Tonkanäle - und
damit ein dreisprachiges Programm - zur Verfügung stehen - woran gearbeitet wird.

Ich möchte zusammenfassen und abschließend feststellen :

1. <u>Bis zum heutigen Tag wurde noch kein Rundfunksatellit nach den
   Bestimmungen der WARC 1977 gebaut, diese Bestimmungen werden jedoch die Satellitenlandschaft bis zur Jahrtausendwende prägen.</u>
   Die Empfangsmöglichkeiten müssen aus der (ungewissen) Sicht der
   Jahre ab 1984 (deutscher und französischer Satellit im All) beurteilt werden : Die Empfangsanlagen werden bessere Eigenschaften
   haben, als aus dem Kenntnisstand der Siebzigerjahre vorauszusehen
   war. Die inneren wie die äußeren Ausleuchtzonen werden größer sein.

2. Bis 1984 dürften etwa 5o Prozent aller Haushalte der mittel- und
   westeuropäischen Länder an kleinere oder größere Gemeinschafts-

antennen angeschlossen sein. Sie sind die Marktvoraussetzung für den Direktsatelliten. Es sind sogar Impulse für die Errichtung neuer und größerer Gemeinschaftsantennen- und Kabelverteileranlagen zu erwarten; diese Prognosen erfolgen allerdings ohne Kenntnis des Zustandes, daß Mitte der Achtzigerjahre möglicherweise flache Antennen zu konkurrenzfähigen Preisen auf den Markt kommen werden. Das wiederum würde die Verbreitung von Individualantennen begünstigen.

3. Die tatsächliche Bereitschaft der Fernsehteilnehmer, Investitionen für den Empfang von Satellitenprogrammen vorzunehmen, wird sich an der Attraktivität der angebotenen Programme entscheiden. Die bis heute bekannten Planungen in Europa sind mit Ausnahme der kommerziell ausgerichteten Projekte Luxemburgs und der schweizerischen TEL-SAT-Gruppe überwiegend technischer Natur. Staatliche Organisationen einschließlich der nationalen Rundfunkanstalten darf der spill over der Programmabstrahlung ins Ausland sozusagen nicht interessieren, während sich kommerzielle Gesellschaften nur dafür interessieren.

4. Im Verlaufe der zweiten Hälfte der Achtzigerjahre hat jede nationale Rundfunkanstalt über das Kabelfernsehen hinaus mit einer Vervielfachung konkurrierender Fernsehangebote zu rechnen. Jede Rundfunkanstalt wird Seher (Reichweite) im Inland verlieren, kann aber Seher im Ausland gewinnen; wer auf die Möglichkeiten des Satellitenrundfunks verzichtet, muß zwar das Einfließen fremder

Programme (fremder Information, fremder Kultur) ins eigene Land in Kauf nehmen, verzichtet aber, sich selbst vice versa beim Nachbarn Geltung zu verschaffen.

Marshall McLuhans Zauberformel "the media is the message" gewinnt einen kosmischen Resonanzboden. Der nationale Sichtfunk Fernsehen tritt in seine internationale Phase ein, die elektronische Überfluß-gesellschaft steht vor der Tür.

Communication via Satellites

G. Bacher
Vienna, Austria

- The paper deals only with direct broadcasting satellites as TV and
  radio no doubt are the most important factors in direct satellite
  communication.

- The direct broadcasting satellite is surrounded by speculations,
  semitruths and myths; it raises hopes which it cannot fulfill
  while not fulfilling others for which it would suit perfectly.

- The direct broadcasting satellite is not so much a technical problem
  but rather a problem of marketing, and in Europe, mostly a problem
  of media policy and international law.

- The WARC of ITU which took place in Geneva in 1977 laid down the
  basic conditions for the utilization of direct broadcasting satellites in the field of telecommunication law for the next 15 years -
  i.e. almost until the year 2000, for Europe, Africa, Asia and
  Australia. The Geneva Satellite Convention will already be obsolete
  before the first direct broadcasting satellite is launched. In
  Geneva the iron and other "curtains" were extended from the ground
  into outer space. The Americans will not make a decision until 1983
  because they do not trust the criteria set forth in Geneva.

- The direct broadcasting satellite is able to do many more things
  than it is allowed to do. The receiving equipment (parabolic and
  possibly also flat antennas) will have much improved properties
  over those which were known at the time of the Geneva Conference.

- By 1984, about 50% of all households of Central and Western
  European countries will be linked to small or large community
  antennas which are the most important marketing requirements for
  direct broadcasting satellites.

- Whether the TV consumer is actually ready to buy reception equipment for satellite programs will depend on their attractiveness.
  Government organizations including national companies according to
  the Geneva resolutions are supposed not to take any interest in
  "spillover", i.e. the transmission of programs outside the national
  frontiers, whereas commercial enterprises are solely interested in
  spillover.

- By the second half of the eighties, every national broadcasting
  company will be faced with a multiplying supply of competing TV
  programs. Every broadcasting company will lose part of its home
  audience but may win a new audience abroad. The electronic surplus
  society is imminent.

- The direct broadcasting satellite constitutes a quantitative innovation. Apart from a few exceptions, contentwise it is nothing but
  a traditional transmitter. The exception in which the satellite is
  not only more efficient but also more effective is its frontier
  transgressing quality which the Geneva Satellite Convention tried
  to reduce.

Geostationäre Nachrichtensatelliten

D. E. Koelle
München

1. Historischer Rückblick

Der erste Vorschlag zur Nutzung geostationärer Satelliten, d.h. Satelliten mit einer
Umlaufzeit von 24 h, die über einem Punkt des Äquators quasi-stationär stehen, wurde
im Oktober 1945 von dem englischen Schriftsteller Arthur C. Clarke gemacht (Zeitschrift
"Wireless World").

Es dauerte über 10 Jahre, bis man sich ernsthaft mit dieser Möglichkeit befaßte und
technische Analysen und Satellitenkonzepte ausarbeitete. Bild 1 zeigt eine NASA-Zeich-
nung aus dem Jahre 1959.

Es dauerte weitere 6 Jahre nach dem Start des ersten Erdsatelliten (Sputnik 1, 1957),
bis der erste geostationäre Satellit "SYNCOM I" am 13. Februar 1963 gestartet wurde.
Er hatte 36 kg Masse und eine Kapazität von 120 Telefonkanälen.

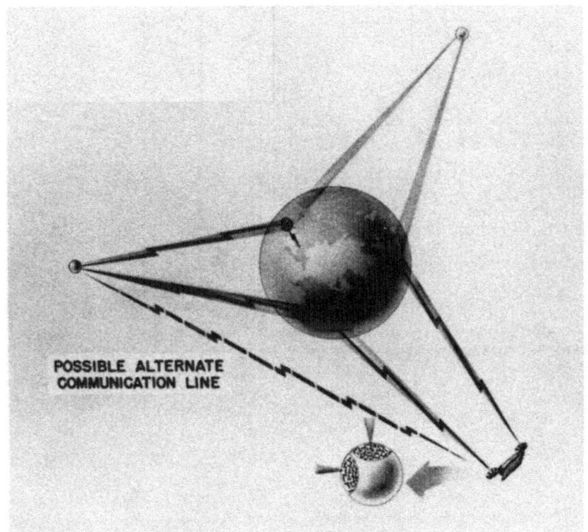

BILD 1 : Schematische Darstellung globaler Funkverbindungen mit 24 h-Satelliten von
1959 (NASA-MSFC/GE)

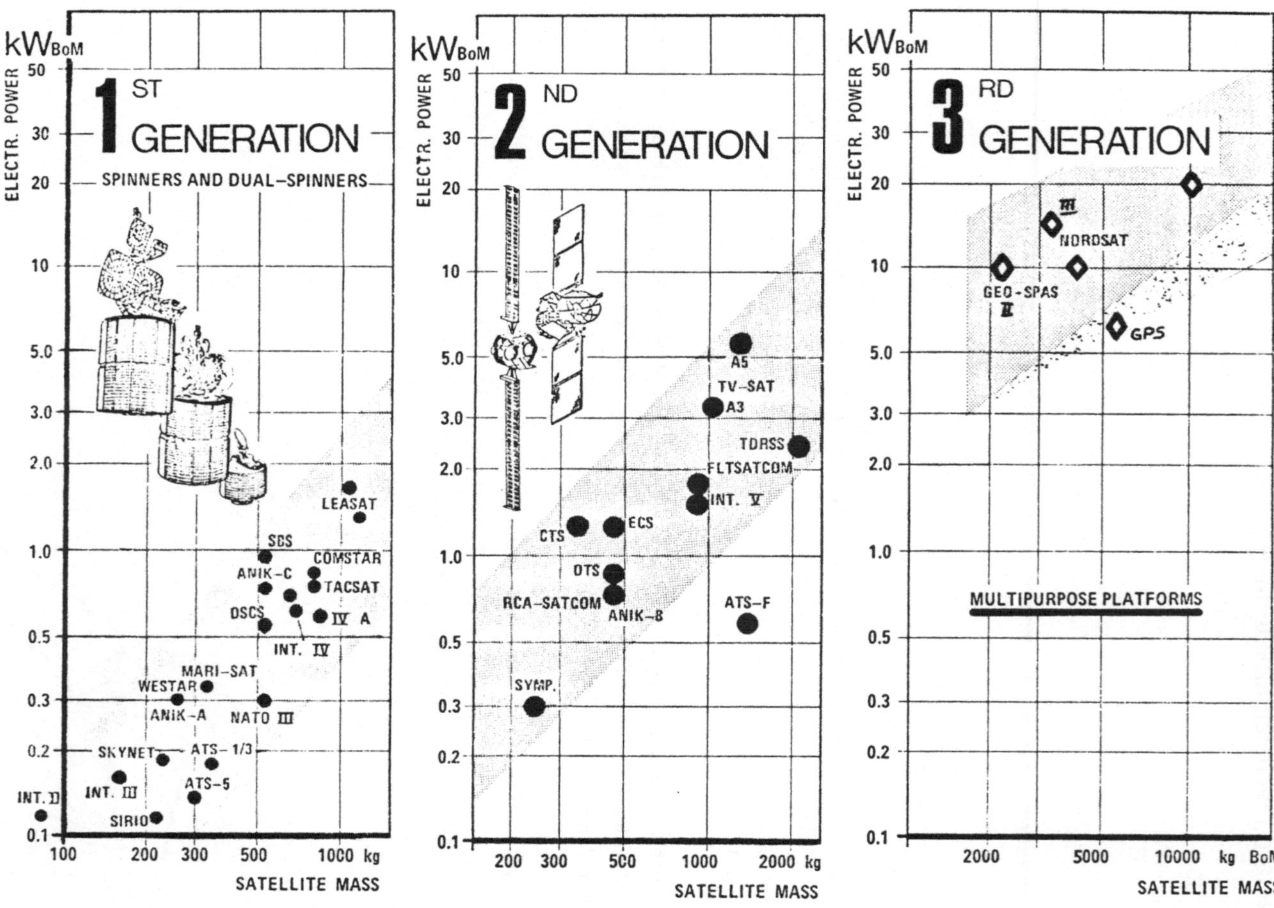

BILD 2:   Entwicklungsklassen von Nachrichtensatelliten mit Masse/Leistungsverhältnis

Vor der erfolgreichen Funktion des SYNCOM I wurde von vielen Fachleuten bezweifelt, daß ein Satellit in 36.000 km Höhe mit über 72.000 km Signallaufstrecke für den Telefonverkehr überhaupt brauchbar sei.

Die ersten Nachrichtensatelliten wurden daher 1960 in Umlaufbahnen zwischen 1.000 und 1.600 km gebracht. Damals experimentierte man mit einem passiven Ballon-Reflektor (ECHO 1) und dem ersten aktiven Repeater-Satelliten COURIER I B.

Nach der eindrucksvollen Demonstration der geosynchronen Nachrichtenverbindung durch SYNCOM I wurde die gesamte weitere Planung ausschließlich auf geosynchrone Nachrichtensatelliten ausgerichtet. Jetzt sind bereits rund 100 Satelliten dieser Art gestartet worden und bis 1990 dürfte sich diese Zahl verdoppeln.

Es zeichnet sich bereits das Problem der "Platznot" auf dem geostationären Orbit ab, dessen Lösung später behandelt wird.

2. Die Satelliten-Generationen

Nachrichtensatelliten lassen sich technisch in drei Generationen einteilen, wie in BILD 2 veranschaulicht.

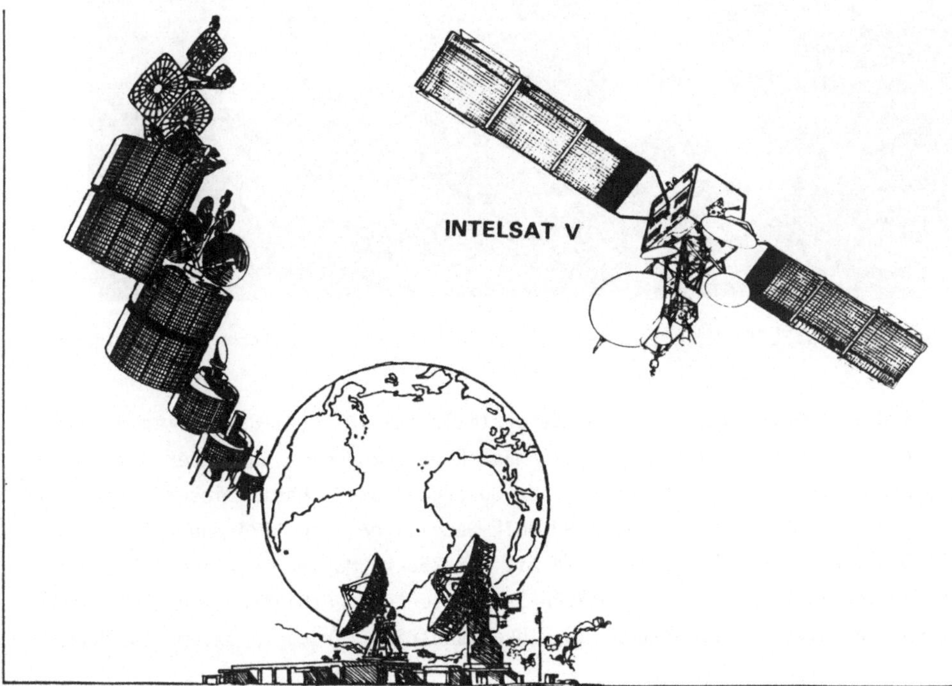

BILD 3 : Die Serie von INTELSAT-Satelliten, INT. I, II, III, IV, IV A und V

Die 1. Generation bilden die spinstabilisierten Satelliten, einschließlich solcher mit einer entdrallten Antennenplattform. Dieser in der Vergangenheit dominierende Satellitentyp ist in seiner Leistungsfähigkeit limitiert durch die elektrische Leistung der auf dem Zylinderkörper montierten Solarzellen und durch die volumetrisch begrenzte Anzahl und Größe der Antennen. Die Einführung der körperstabilisierten Satelliten (mit Hilfe eines internen Schwungrades hoher Drehzahl) erlaubte sowohl die Anwendung größerer ausfaltbarer Solargeneratoren (und damit eine höhere elektrische Leistung) als auch den Einsatz ganzer "Antennenformen".

BILD 3 demonstriert diesen Generationswechsel der Satelliten anhand der INTELSAT-Serie von globalen Nachrichtensatelliten.

INTELSAT I bis IV A waren spinstabilisiert, während INTELSAT V ein körperstabilisierter Satellit ist. Der erste Start dieses Typs ist für Dezember 1980 vorgesehen. 9 Satelliten sind bestellt und voraussichtlich wird die Zahl auf 12 erhöht.

BILD 4 : Satellit INTELSAT V, entwickelt mit maßgeblicher europäischer Beteiligung

BILD 4 zeigt diesen Satelliten, bei dem es erstmals bei INTELSAT-Satelliten gelungen ist, einen Entwicklungsanteil von über 20% nach Europa zu holen, darunter die wichtigen Subsysteme Struktur, Lagerregelung und Solargenerator. Basis dieser Beteiligung war die erfolgreiche Entwicklung der SYMPHONIE-Satelliten, die 1974 und 1975 gestartet wurden (BILD 5). Die SYMPHONIE-Satelliten mit nur 250 kg Masse waren außer ATS-6 die ersten körperstabilisierten geostationären Satelliten und enthielten eine Reihe neuer Technologien, darunter den Zweistoff-Flüssigkeitsantrieb für den Apogäumseinschuß.

Die bisher größten und komplexesten Satelliten der 2. Generation gehören zum TDRS-System der NASA und sollen 1981/82 gestartet werden. Ihre Masse beträgt mehr als

BILD 5 : SYMPHONIE, der erste europäische Nachrichtensatellit, Schrittmacher für
         körperstabilisierte Satelliten.

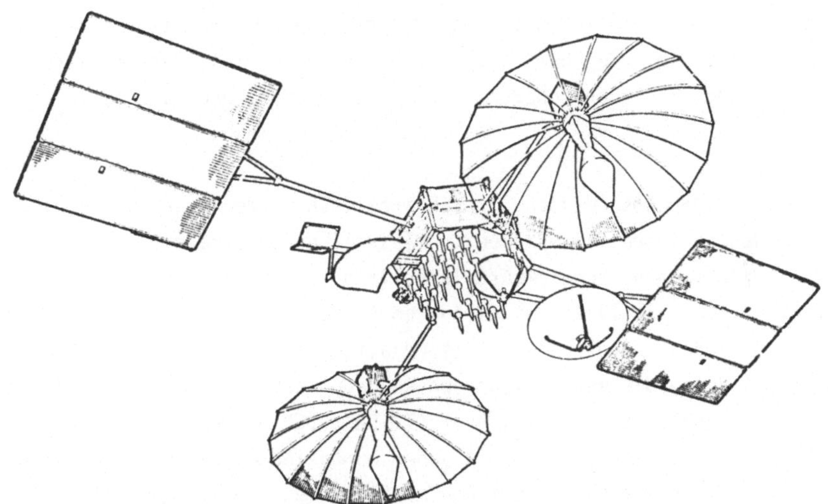

BILD 6 : TDRS (Tracking and Data Relay Satellite), der bisher größte Satellit der
         2. Generation mit 2.130 kg Masse und 17 m Spannweite

2.100 kg. BILD 6 zeigt einen "Tracking and Data Relay Satellite", gebaut von TRW, mit
seinen zwei 5m-Antennen und 6 weiteren Antennen.

Die dritte Generation von Nachrichtensatelliten befindet sich erst im Studienstadium:
es sind geostationäre Plattformen mit Mehrzweck-Nutzung. Auf sie wird noch im letzten
Kapitel näher eingegangen.

3. Satelliten-Anwendungen

Technisch unterscheidet man folgende Arten von Satelliten, entsprechend ihrer Anwendung:

(1) Fernmeldesatelliten für den globalen und regionalen Telefonverkehr, Fernsehprogramm-Austausch und Datenübertragung (große Bodenantennen).

(2) Satelliten für mobile Dienste, d.h. Schiffsfunk, Flugfunk- und Navigationssatelliten (kleine Empfangs- und Sendeantennen).

(3) Relaissatelliten für den Funkverkehr zwischen Satelliten und Raumfahrzeugen (z.b. dem Space Shuttle) in niedrigen Umlaufbahnen und einer Bodenstation.

(4) Satelliten mit hoher Sendeleistung für die direkte Fernsehversorgung bestimmter Regionen (kleine Empfangsantennen).

Eine 5. Gruppe wird für die Zukunft vorausgesetzt und zwar Satelliten für Regionale Öffentliche Dienste wie Briefübertragung ("electronic mail"), Notruf-Hilfsdienste, Verkehrsüberwachung, Einbruchsicherung, Volksabstimmungen und Wahlen, Informationsdienste, usw.

Für die Gruppe der Direktsendenden Fernsehsatelliten wurde in der Bundesrepublik in den letzten 8 Jahren intensive Vorarbeit geleistet durch umfangreiche Studien und Technologie-Entwicklungen. Schon mehrmals sollten in den letzten Jahren die eigentliche Entwicklung des mit TV-SAT bezeichneten Projekts eines präoperationellen Fernsehsatelliten beginnen, doch nun sieht es so aus, als ob es in deutsch-französischer Zusammenarbeit 1981 in die Realisierungsphase gehen kann. Dieser Satellitentyp, der sich durch hohe Sendeleistung auszeichnet (TV-SAT: 260 W pro Kanal), sieht einem großen Markt entgegen: Die WARC '77 hat jedem europäischen Land 5 Satellitenkanäle zugeteilt, sowie die Ausleuchtgebiete und maximale Sendeleistung festgelegt. BILD 7 zeigt diese Zonen in Europa, in denen ein Direktempfang mit Hausantennen von 60 bis 90 cm Durchmesser möglich ist.

Das Konzept des TV-SAT zeigt BILD 8. Charakteristisch sind die zwei elliptischen Paraboloid-Antennen für Senden und Empfang. Diese 2.5 m großen Antennen müssen für den Start mit der ARIANE-Rakete eingeklappt werden. Im Orbit werden die Antennen durch einen speziellen Stellmechanismus auf 0.1° genau nachgesteuert. Dazu dient ein neuartiger HF-Sensor mit automatischer Steuerung durch Vermessung der Leistung am Boden. Der Satellit hat 3.2 kW installierte Leistung in der A3-Version und später 5.2 kW in der operationellen A5-Version mit 5 redundanten Kanälen. Nähere Einzelheiten über dieses Projekt werden in einem anderen Beitrag beschrieben.

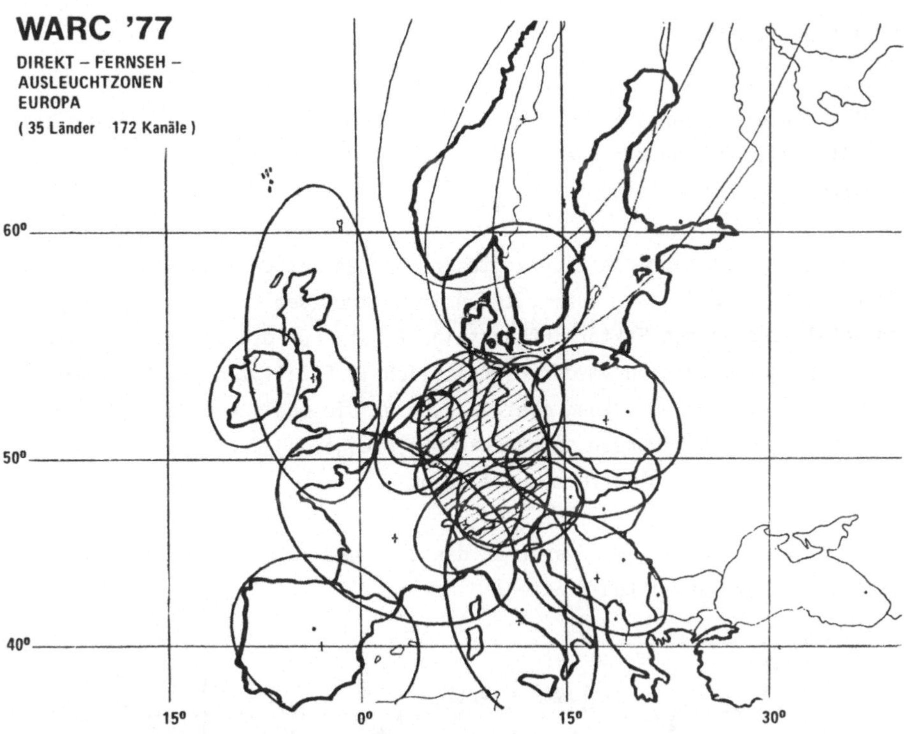

BILD 7 : WARC '77-Ausleuchtzonen für Direktfernsehempfang in Europa

BILD 8 : TV-SAT, der deutsche Fernsehdirekt-Satellit mit Empfangs- und Sendeantenne
von je 2,5 m Durchmesser

4. Entwicklungstrends

Betrachtet man die Anzahl, Masse, Leistung und Lebensdauer von Satelliten als wesentliche Kriterien, so kann man die Entwicklungstrends der Vergangenheit und Zukunft vi-
sualisieren.

Die Anzahl der geostationären Nachrichtensatelliten (BILD 9) hat in den 17 Jahren seit
dem Start von SYNCOM I beschleunigt zugenommen, trotzdem sich die Kapazität der einzelnen Satelliten um den Faktor 100 gesteigert hat. Für die nächsten 10 bis 15 Jahre
wird ein konstanter Anstieg um durchschnittlich 10 Satelliten pro Jahr erwartet. Da-
nach wird eine gewisse Sättigung eintreten, d.h. die möglichen Satellitenpositionen
im geostationären Orbit werden saturiert. Die Steigerung der Kapazität kann nur noch
durch größere Satellitenplattformen erfolgen.

Europa kommt etwas später, wird aber in den 80er und 90er Jahren eine zunehmende Zahl
von geostationären Satelliten starten.

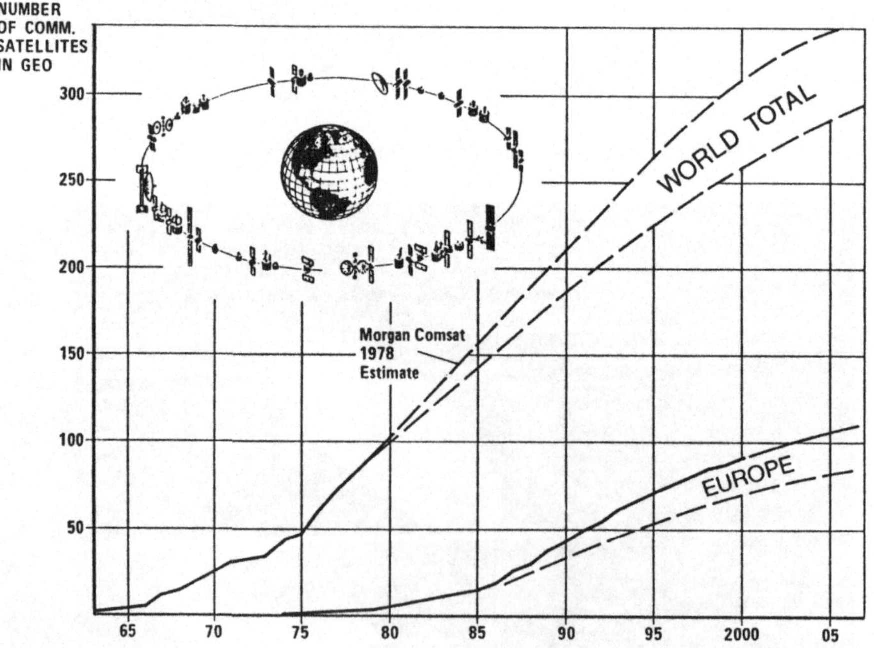

BILD 9 : Anzahl der geostationären Nachrichtensatelliten über der Zeit

Verfolgt man die Entwicklung der Satellitenmasse, dann haben sich aus den ursprünglich 36 kg schweren Satelliten bis heute 1.000 kg-INTELSAT V-Geräte und sogar über
2.000 kg schwere Satelliten entwickelt. Die Zukunft wird zu Satelliten mit mehreren
Tonnen führen und es werden schon Projekte von 15 t-Satelliten diskutiert.

BILD 10 zeigt eine etwas differenziertere Entwicklung der maximalen Satellitenmasse für

a) experimentelle US-Satelliten

b) INTELSAT-Satelliten

c) europäische Satelliten.

Die maximal mögliche Satellitenmasse wird bestimmt durch die verfügbare Trägerkapazität, die fast immer zu knapp war. Für europäische Satelliten wird die Masse und Größe der Satelliten durch die Kapazität der ARIANE-Trägerrakete begrenzt, die heute bei ca. 1.000 kg liegt und bis 1986 auf 2.000 kg gesteigert werden soll (ARIANE IV). Anfang der 90er Jahre werden die USA mit dem Shuttle + OTV (Orbital Transfer Vehicle) Satelliten von 3.500 bis 7.000 kg starten können.

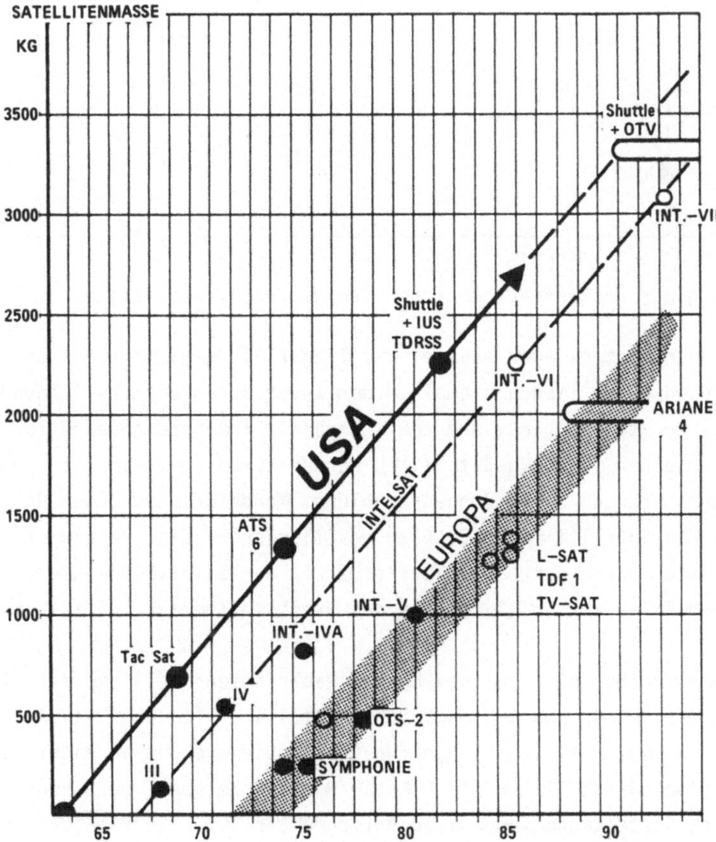

BILD 10: Entwicklung der Satellitenmasse über der Zeit für US-Satelliten, INTELSAT-Geräte und europäische Nachrichtensatelliten

Ein wesentliches Kriterium neben Kapazität und Leistung ist die Funktionsdauer kommerzieller Satelliten, da diese wesentlich die Kosten beeinflußt. Während die ersten Satelliten nur eine nominelle Funktionszeit von 1,5 Jahren hatten, wurde diese kontinuierlich auf 5, 7 und heute 10 Jahre gesteigert. Natürlich fallen einige Satelliten

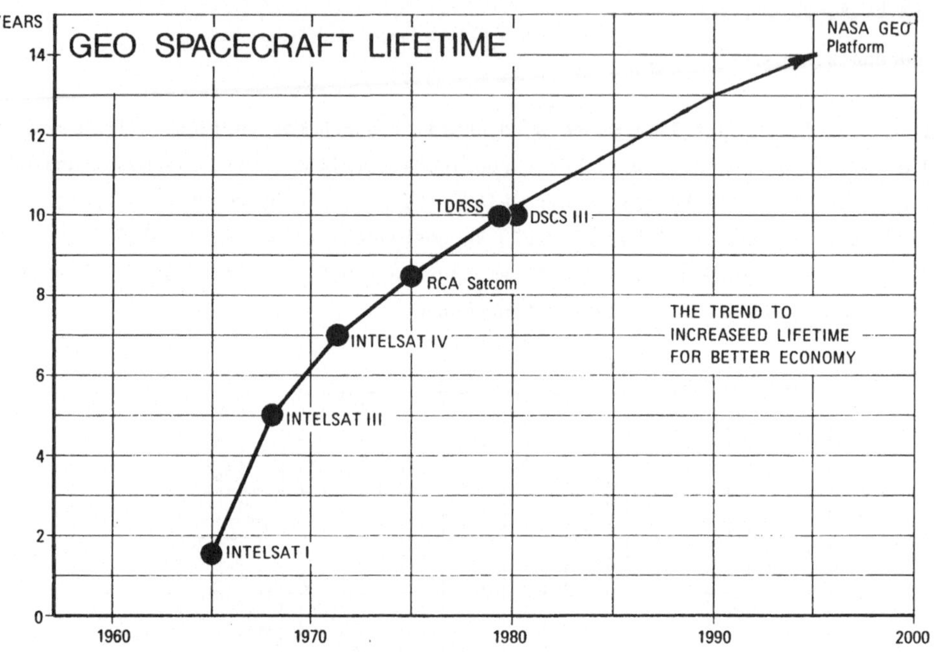

BILD 11: Steigerung der Entwurfs-Lebensdauer von Nachrichtensatelliten

auch früher aus, doch gibt es auch andere, die länger als geplant funktionierten. Die Grenzen der Lebensdauer liegen einmal in der Zuverlässigkeit des Transponders, die nicht beliebig zu steigern ist, und zum anderen im Treibstoffbedarf für die Bahnstabilisierung. Für einen 1.000 kg-Satelliten werden 20-25 kg Treibstoff pro Jahr benötigt, um die Bahnstörungen durch Sonnenstrahlung, Mondeinfluß und den Geoid selbst auszugleichen und den Satellit mit ± 0.1° zu positionieren. Eine Verringerung dieses Aufwandes, der bei 10 Jahren Funktionsdauer etwa 25% der Satellitenmasse erfordert, ist nur durch Ionen-Triebwerke möglich, die den Treibstoffbedarf auf 1/10 verringern.

Ein weiteres interessantes Charakteristikum von Nachrichtensatelliten ist die Antennengröße. Während sie bei "normalen" Nachrichtensatelliten (INTELSAT IV A, V) bis zu 1 m beträgt, hat sie heute bei Satelliten für mobile Dienste 5 m erreicht. Die größte Antenne beim Experimentalsatelliten ATS-6 hatte 9 m Durchmesser. Der Trend (BILD 12) zeigt eine deutlich ansteigende Tendenz zu Antennen bis 300 m Durchmesser bei Satelliten für öffentliche Dienste (Gruppe 5). Antennen von 1.000 m Durchmesser werden für Energiesatelliten (Satellite Power Stations) benötigt, die 5 GW Leistung in Form von Mikrowellen zur Erde senden - eine andere Art möglicher geostationärer Satelliten.

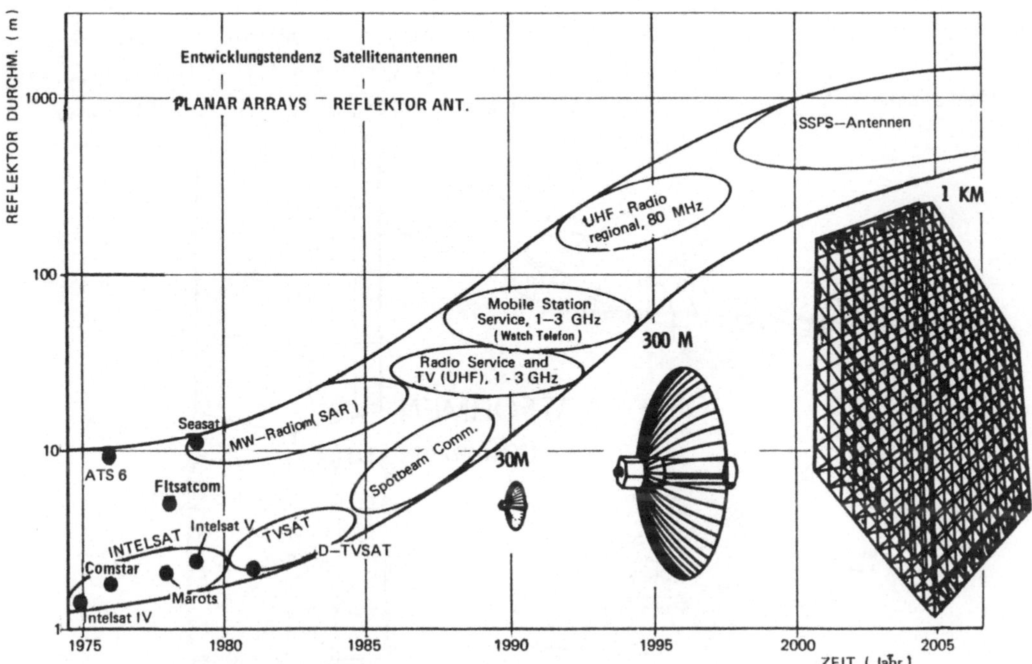

BILD 12: Erwarteter Entwicklungstrend für Satellitenantennen

5. Mehrzweck-Plattformen (die dritte Generation)

Der Entwicklungstrend geostationärer Satelliten geht - wie gezeigt wurde - zu größeren
Einheiten mit vielfältigen Dienstleistungen. Dies erfolgt aus drei Gründen

(1) der stark ansteigende Bedarf an Kanälen für eine zunehmende Zahl von Diensten,

(2) die begrenzte Anzahl von Orbit-Positionen (derzeit 4° Abstand von Satellit zu
Satellit, d.h. maximal 90 operationelle Satelliten), und

(3) die Kosten pro Kanal und Betriebsjahr werden umso geringer, je größer die Satelliten sind.

Als Beispiel für (2) sei erwähnt, daß die Position 19° W lt. WARC für die Direkt-
Fernsehsatelliten von nicht weniger als 12 Staaten festgelegt wurde! Alleine diese
Tatsache wird größere kombinierte Satellitenplattformen erzwingen. BILD 13 zeigt
einige Konzepte von großen Plattformen, wie sie von NASA, Comsat und einigen Firmen
bisher konzipiert wurden.

MBB hat den ersten europäischen Vorschlag gemacht mit der GEO-SPAS Plattform,
(BILD 13, rechts), einem System mit integriertem Antriebssystem. Es wird vom Space

Shuttle zu einem niedrigen Erdorbit gebracht und bringt sich selbst mit seinem 5 kN-Triebwerk in den geostationären Orbit. Dies bedeutet eine wesentliche Kostenersparnis, da eine separate Antriebsstufe entfällt. Bei einer Anfangsmasse von z.B. 13.5 t er-

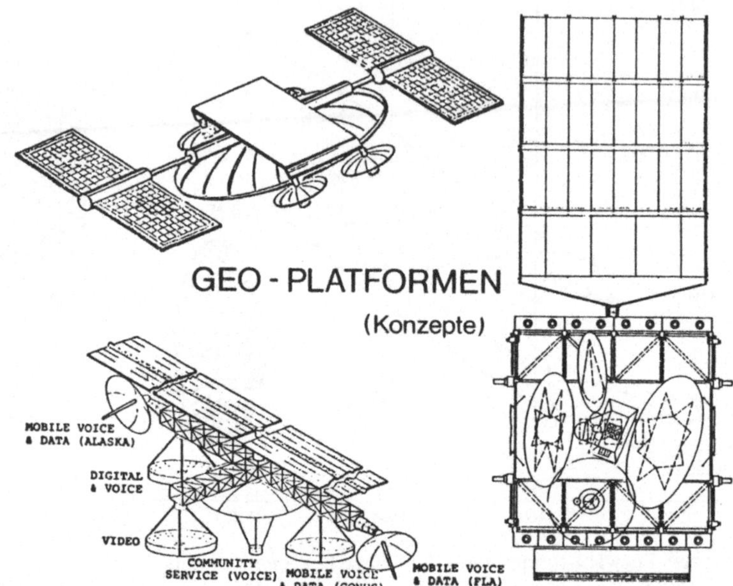

BILD 13: Konzepte geostationärer Plattformen

BILD 14: Experimentelle GEO-Plattform von NASA/GD

reichen ca. 3.3 t den geostationären Orbit, wovon etwa 1.000 kg auf die nachrichten-
technische Nutzlast entfällt, die 24 m² Fläche nutzen kann, z.B. für eine Vielzahl
von Antennen.

Die Konfiguration einer experimentellen NASA-Plattform, die z.Zt. von den Firmen
General Dynamics/Convair und Comsat Corp. studiert wird, zeigt BILD 14. Ihre Masse
liegt bei 6.000 kg und ein Start wird für 1990-95 angenommen.

Es gibt bereits Konzepte von Riesenplattformen mit mehreren Hundert m Durchmesser
und Massen von 15 bis 50 Tonnen. BILD 15 zeigt eine 300 m große Plattform mit 91
multi-beam Antennen, die durch 1.274 Sendekeulen die gesamten USA ausleuchtet. Solche
Systeme erfordern eine Montage, evtl. sogar Fertigung im Weltraum - eine Technologie,
die in den USA heute bereits am Boden und in den nächsten Jahren auch im Weltraum praktiziert werden wird.

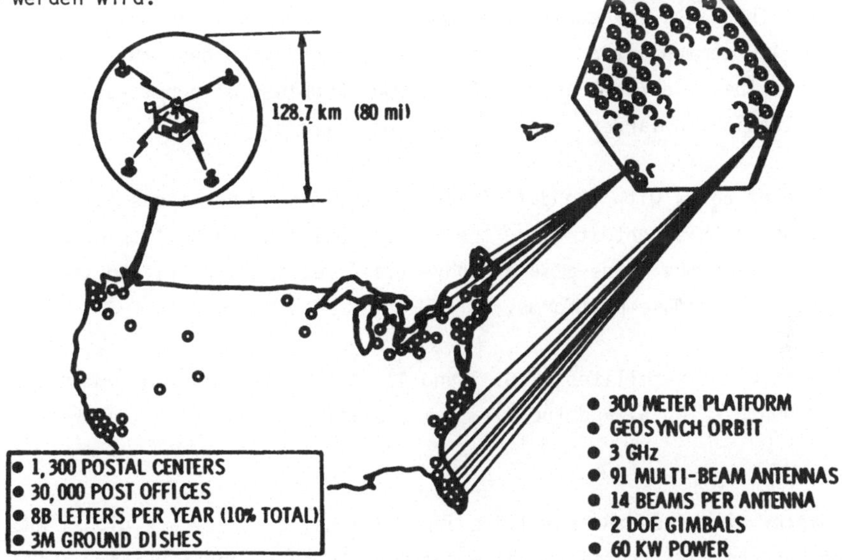

BILD 15: Konzept einer Groß-Plattform mit 91 Antennen und 60 kW Leistungsbedarf

LITERATUR:

(1) Hartl, Ph., Koelle, D.E.: Technologische und kommerzielle Entwicklungstrends bei
    Nachrichtensatelliten. DGLR-Paper 73-039, Mai 1973, Stuttgart.

(2) Koelle, D.E.: Entwicklungstrends künftiger Nachrichtensatelliten. Paper 77-022,
    DGLR-Jahrestagung, Berlin 1977.

(3) Koelle, D.C., Kleinau, W.: The GEO-SPAS Platform, a Third Generation Communication
    Satellite Concept. Paper 80-0505 at the 8th AIAA Communication Satellite Conference,
    Orlando, Fla., April 1980.

Geostationary Communication Satellites

D. E. Koelle
Munich, Germany

The paper presents a survey about the past and future development of communication
satellites.

The first chapter deals with the history of GEO satellites, proposed already in 1945
by A.C. Clarke. The first spacecraft (SYNCOM I) was launched in 1963 and up to date
there are some 100 communication satellites in the geosynchronous orbit. The number
will increase further and reach about 200 by 1990. Problems of orbit saturization
are foreseen, leading to larger size, multipurpose platforms.

The second chapter deals with the definition of satellite generations (FIG. 2): the
first generation in this context being the spin-stabilized and dual-spin spacecraft,
the second generation the three-axis or body-stabilized spacecraft, and the third
generation the multipurpose platforms.

The INTELSAT-series of satellites (FIG. 3 and 4), the first European communication
satellite SYMPHONIE (FIG. 5) and the data relay satellite TDRS (FIG. 6) are shown
as examples.

The third chapter discusses the satellite applications, as there are global and regional telephone and data traffic, mobile services to ships and aircraft, intersa-
tellite relay service, direct TV broadcasting and (later) a number of public services.

The direct TV regulations for Europe in terms of coverage areas for the different
countries are shown in FIG. 7, and the German TV-SAT Project in FIG. 8. This satellite
is the first one designed for operational broadcasting service after 1985.

Among the developed trends, discussed in chapter 4, the number of communication satellites expected in the future is shown in FIG. 9 both worldwide and of European
origin.

The actual and prognosted development of the total satellite mass is depicted in
FIG. 10, showing that the maximum mass depends on the availability of launch vehicle

capability. The shuttle + IUS increases the GEO mass to some 2.200 kg, while the shuttle + OTV in the 90ies will allow for spacecraft of 3.000 to 3.500 kg mass, or up to 7 tons as an expendable vehicle.

Also growing will be the operational lifetime which has been increased from 5 to 7 and presently 10 years (FIG. 11). Larger platforms are conceived for lifetimes of 12 to 15 years and more.

The growth of antenna sizes is depicted in FIG. 12.

The final chapter 5 is dedicated to the future generation of multipurpose communication platforms. These larger spacecraft types (3 to 15 tons and later up to 50 tons) are required to manage the increasing requirements for more services and more capacity while the number of orbital positions are limited. In addition, the costs per channel and year become lower for larger systems.

First platform concepts are shown in FIG. 13, 14 and 15.

Die technische Nutzung von Nachrichtensatelliten und ihre Grenzen

H. Mahner
München

1. Einleitung

Seit dem ersten geostationären Nachrichtensatelliten (1964) hat sich die
Technik der Satelliten-Kommunikation in ungeahnter Weise entfaltet. Neben dem weltumspannenden Intelsat-Netz für den Verkehr von Kontinent zu
Kontinent benutzen viele Länder heute bereits den Satellitenfunk in einem
nationalen oder regionalen Netz. In schwer zugänglichen oder wenig er-
schlossenen Gebieten schafft der Satellit rasch eine flächendeckende Versorgung. Aber selbst in Gebieten mit ausgebauten Kommunikationsnetzen wie
etwa den USA machen besondere Leistungsmerkmale den Satellitenfunk, z.B.
für Geschäftsnetze, attraktiv. Aus den militärischen Nachrichtennetzen
etwa der Nato ist der Satellitenfunk nicht wegzudenken.

Mit kleineren Bodenstationen hat der Satellit auch in den Mobilfunk Ein-
zug gehalten. Seeschiffen und Flugzeugen bietet der Satellit nicht nur
leistungsfähige Kommunikation, sondern gleichzeitig auch ein Navigations-
system an. Das Satellitenfernsehen direkt zum privaten Teilnehmer befindet sich in der Entwicklung. Auch die Wettersatelliten enthalten einen
Transponder, der nach Art eines Rundfunks alle angeschlossenen Wetter-
ämter mit Information versorgt.

2. Netzstruktur

Gehen wir von der Situation im Intelsat-Netz aus (Bild 1). Praktisch jede gewünschte Verbindung zwischen zwei Endstellen kann direkt hergestellt
werden, ohne daß ein Transit durch dritte Länder erforderlich ist. Die
Kosten für die Verbindung sind von der Entfernung unabhängig.

Ein Nachteil der Satellitenwege ist die große Laufzeit der Signale aufgrund der zurückgelegten Entfernung. Im Dialog über eine Satellitenstrek-
ke muß der Teilnehmer eine halbe Sekunde, bei zwei Strecken eine ganze
Sekunde auf eine Antwort oder Entgegnung warten. Daher soll nach den Regeln des CCIR für gute internationale Telefonverbindungen nicht mehr als
eine Satellitenstrecke benutzt werden.

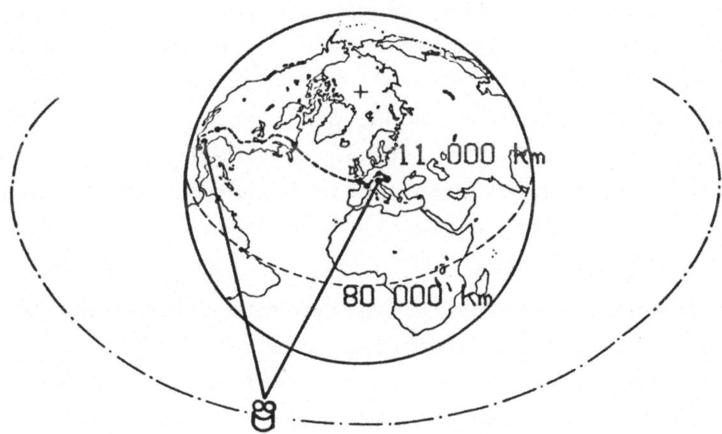

Bild 1: Übersee-Verbindung: Satelliten- und terrestrische Übertragung

Von den europäischen Ländern besitzt z.B. Norwegen nationale Satellitenfunkwege: Die Bohrinseln in der Nordsee sind über einen gemieteten In-
telsat-Transponder mit dem Festland verbunden (Bild 2). Nachdem nun schon
einmal ein Satellit benutzt wurde, muß ein Telefongespräch nach Amerika
jetzt über Seekabel aufgebaut werden.

Bild 2: Nationale Satellitenfunkverbindung, Weiterführung nach Übersee
        terrestrisch

Übertragungstechnisch gesehen, könnte die Bohrinsel stattdessen auch sogleich einen im Transatlantikdienst eingesetzten Intelsat-Satelliten benutzen, oder besser, die beiden nebeneinander stehenden Satelliten könnten eine direkte Funkverbindung erhalten. Diese direkte Funkverbindung von Satellit zu Satellit ist eine der Neuerungen, die wir in der nächsten Zeit in der Satellitentechnik erwarten. Sie verringert nicht nur die Laufzeit, sondern entlastet auch die im Verkehr mit der Erde benutzten Frequenzbereiche.

Aber der Übergang vom nationalen Netz in die internationale Netzebene ist ja auch ein vermittlungstechnischer Schritt. Solange wir keine Vermittlung an Bord des Satelliten haben, kann dieser Übergang nur auf der Erde stattfinden. Als Konsequenz kann der Satellit nur _eine_ Netzebene bedienen: entweder die nationale oder die internationale. Ebenso können im nationalen Bereich _reine_ Satellitennetze nur eine einzige Stufe der Wählhierarchie umfassen. Wünschenswert sind daher _gemischte_ Netze, in denen zu den meisten Satellitenverbindungen auch terrestrische Parallelwege existieren und bei Bedarf angesteuert werden können (wie im Beispiel das Seekabel). Dadurch können die Vorteile des Satellitenfunks – wirtschaftliche Fernverbindungen in den hohen Netzebenen, Flächendeckung in den unteren Netzebenen – jeweils gezielt genutzt werden.

Einen weiteren Struktur-Vorteil hat das Satellitennetz, wenn das Verkehrsaufkommen je Teilnehmer klein ist oder stark schwankt. Man benutzt dann "demand assignment"-Systeme, in denen der Satellit als "Konzentrator" wirkt: Die Übertragungswege im Satelliten sind universell einsetzbar und werden von den Teilnehmern bei Bedarf, das heißt zu Beginn eines Telefongespräches, automatisch belegt. Im Intelsat-Netz wird für Verbindungen mit geringem Verkehrsaufkommen ein solcher Dienst unter dem Namen "SPADE" angeboten.

Für die Verteilung breitbandiger Signale an viele Teilnehmer, etwa beim Fernsehrundfunk, ist der Satellit ebenfalls eine attraktive Lösung.

3. Kapazität der geostationären Umlaufbahn

Für den Satellitenfunk gibt es bestimmte Frequenzzuweisungen (Tabelle 1). Die "klassischen" Frequenzbereiche im festen Funkdienst liegen bei 4 und 6 GHz. In den gleichen Bereichen arbeitet auch der terrestrische Richtfunk. Die Übertragungskapazität auch nur eines einzigen modernen Nachrichtensatelliten (12 000 Sprechkreise + 2 Fernsehprogramme) ist aber trotz effizienter Nutzung in diesen Frequenzbereichen nicht unmittelbar unterzubringen. Sowohl innerhalb des einen Satelliten wie auch von verschiedenen Satelliten werden die gleichen Frequenzbänder

daher immer wieder benutzt ("frequency reuse"). Dazu dient die Richtwirkung der beteiligten Antennen.

Fester Satellitenfunkdienst 4 und 6 GHz (klassische Bereiche)

    Erde - Satellit   5,925 - 6,425 GHz
    Satellit - Erde   3,700 - 4,200 GHz

Fester Satellitenfunkdienst 11 und 14 GHz (neuere Bereiche)
Dämpfung bei starkem Regen - besondere Technik erforderlich

    Erde - Satellit   14,00 - 14,50 GHz
    Satellit - Erde   10,70 - 10,95 GHz und
                                   11,20 - 11,45 GHz

Satelliten-Fernsehen (Rundfunkdienst)

    Erde - Satellit   17,70 - 18,10 GHz
    Satellit - Teilnehmer   11,70 - 12,50 GHz

Tabelle 1: Wichtige Frequenzbänder des Satellitenfunks

Die großen Antennen der Erdefunkstellen wirken wie eng strahlende Schein-
werfer. Die gleiche Erdefunkstelle kann mit verschiedenen Antennen Satelliten getrennt anstrahlen, die auf verschiedenen Positionen der geostationären Umlaufbahn mit einem Abstand von 1 - 3° hintereinander flie-
gen. Davon macht beispielsweise das Intelsat-System für die stark bela-
stete Transatlantik-Strecke Gebrauch: in dem kurzen Bahnstück, das für
die Bedienung des ganzen Atlantikraumes von Mexico bis Kuwait geometrisch
überhaupt geeignet ist, stehen drei Betriebssatelliten (und zwei Reservesatelliten) dicht hintereinander. Drei der großen Antennen von Rai-
sting bedienen diese drei Satelliten (Bild 3).

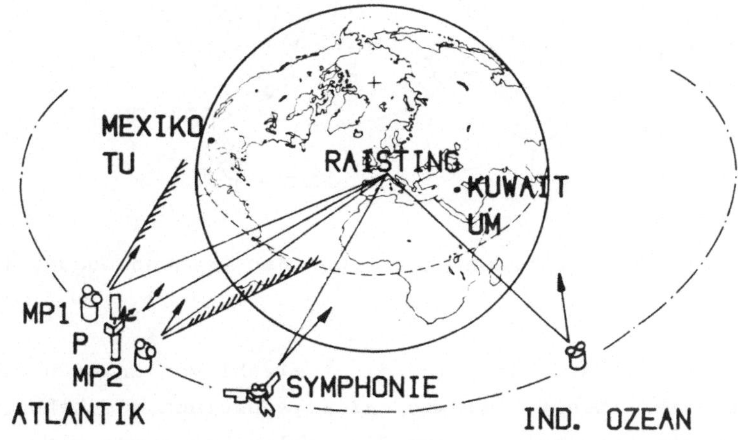

Bild 3: Mehrfach-Ausnutzung der Frequenzbänder (1)

Man sieht dabei aber auch, daß es - für weiträumig arbeitende Satellitennetze - nicht mehr als einige hundert mögliche Satellitenpositionen
auf der Umlaufbahn geben kann. Wegen der Lage der Kontinente gibt es
dabei noch günstige und weniger günstige Positionen; die günstigen sind
praktisch heute schon voll verplant.

Für regionale Netze ist die Situation günstiger, weil ein größeres Stück
der Umlaufbahn geometrisch brauchbar ist. Vor allem kann man hier zusätzlich die Antenne an Bord des Satelliten zur Entkopplung heranziehen.
Mit einem genau zugeschnittenen Punktstrahler (spot beam) wird ein be-
grenztes Gebiet auf der Erdoberfläche versorgt. Signale für verschiedene Versorgungsgebiete können dann von der gleichen Satellitenposition
aus auf den gleichen Frequenzen abgestrahlt werden (Bild 4). Je mehr
solcher Gebiete unterschieden werden, um so öfter kann man das Frequenzband einsetzen und um so mehr Gespräche kann man insgesamt über den Satelliten führen. Zur Erhöhung der Satellitenkapazität wird man daher
künftig auch große Versorgungsgebiete in viele kleinere aufteilen. Diese Technik der "vielfachen spot beams" hat aber Rückwirkungen auf das
"Zugriffsverfahren".

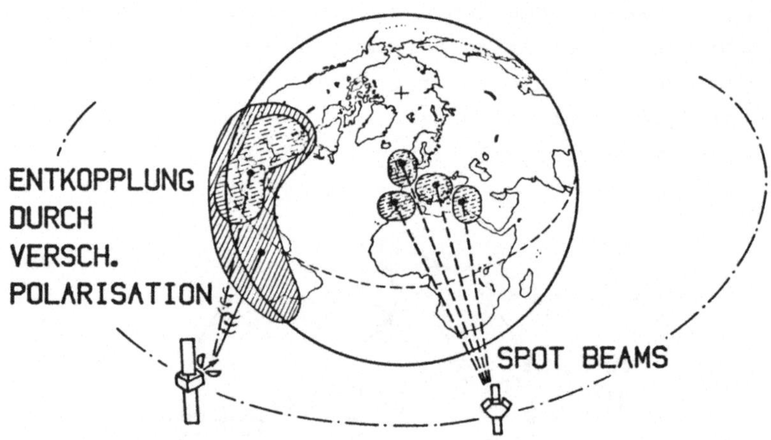

Bild 4: Mehrfach-Ausnutzung der Frequenzbänder (2)

Damit meint man die Art, wie sich die Vielzahl von Erdefunkstellen die
Dienste des Satelliten teilt. Wie das im einzelnen geschehen kann, ist
Gegenstand eines anderen Vortrags /1/. Allen Verfahren gemeinsam ist,
daß die Gesamtkapazität des Satelliten mit wachsender Zahl der Zugriffe
sinkt. Deshalb hat man bisher den Verkehr für mehrere Zielorte in der

sendenden Erdefunkstelle zusammengefaßt, er benötigt dann nur einen einzigen "Zugriff". Mit der Aufteilung des Versorgungsgebietes in viele kleine "spot beams" geht das oft so nicht mehr. Man muß nun entweder eine größere Anzahl von Zugriffen in Kauf nehmen, oder die Verbindungen an Bord des Satelliten "vermitteln".

Die Intelsat-Satelliten verwenden heute "hemisphärische" Ausleuchtgebiete, die die im Osten und Westen des versorgten Raumes liegenden Landmassen voll erfassen, zusammen mit spot beams zu den Schwerpunkten des Verkehrs. Die einander überdeckenden Versorgungsgebiete werden mit Hilfe der <u>entgegengesetzten Polarisation</u> unterschieden. Dies ist die dritte Möglichkeit, Frequenzen mehrfach zu verwenden.

Die geostationäre Umlaufbahn, der Orbit, bleibt bei alledem eine weltweit gemeinsame, beschränkte Resource. Ihre sinnvolle Nutzung in der Zukunft erfordert eine technische und eine politische Anstrengung.

Die <u>technische</u> Anstrengung sucht die nutzbare Kapazität zu vergrößern. Hierzu gehört die Erschließung neuer Frequenzbereiche oberhalb 15 GHz, die Entwicklung neuer Zugriffsverfahren, die Technik der spot beams. Durch die Verwendung geneigter Satellitenbahnen, die also nicht mehr streng geostationär sind, kann auch die Zahl der möglichen Satellitenpositionen noch erhöht werden.

Eine <u>politische</u> Anstrengung ist nötig, um die vorhandene Orbitkapazität fair zu verteilen. Hochindustrialisierte Länder mit hohem Nachrichtenverkehr müssen zusätzliche Aufwendungen erbringen, ihren "Anteil" am Orbit effizient zu nutzen. Entwicklungsländern darf der Zugang zum Orbit auch zu einem späteren Zeitpunkt nicht verbaut werden; sie sind in besonderem Maße auf Satellitenkommunikation angewiesen. Auch muß ihnen bei geringem Verkehrsaufkommen eine <u>extensivere</u> Nutzung der Orbitplätze erlaubt sein als den Industriestaaten.

4. <u>Erdefunkstellen</u>

Eine Erdefunkstelle arbeitet grundsätzlich nicht anders als ein Richtfunkturm einer terrestrischen Richtfunklinie. Wegen der großen Entfernung benötigt sie aber eine größere Antenne, empfindliche Empfänger und starke Sender. Dabei ist der Aufwand zwischen Satellit und Bodenstation in einem gewissen Bereich austauschbar: ein leistungsfähigerer Satellit erlaubt einfachere Bodenstationen und umgekehrt. Eine bestimmte Dimensionierung ist für das Gesamtsystem wirtschaftlich optimal.

Zur groben Klassifizierung der Erdefunkstellen kann man den Antennendurchmesser heranziehen. Im Intelsat-System herrschen die "Standard A"-

Stationen vor (Bild 5). Sie haben einen Antennendurchmesser von rund 32 m. Die vom Computer ermittelte Form der Reflektor-Oberfläche muß auf weniger als 1 mm eingehalten werden. Der Funkstrahl ist nur 1/10 Grad breit, die Antenne muß den kleinen scheinbaren Bewegungen der Satelliten am Himmel laufend nachgeführt werden, was automatisch geschieht. Die großen Erdefunkstellen zusammen mit leistungsfähigeren Satelliten machen es möglich, den Gesamtverkehr der Bereiche Pazifik und Indischer Ozean über je einen und den Atlantikverkehr über nicht mehr als drei Satelliten abzuwickeln.

Bild 5: Erdefunkstelle Ras al Khaimah (Vereinigte Arabische Emirate)

Für Länder mit geringem Verkehr gibt es die "Standard B"-Antenne mit rund 12 m Durchmesser. Antennendurchmesser von 8 - 15 m sind auch in nationalen Satelliten-Weitverkehrsnetzen üblich. Mit Rücksicht auf den etwas breiteren Funkstrahl dieser Antennen werden die Abstände der Satelliten im Orbit meist zu 3° gewählt.

Ganz andere Verhältnisse ergeben sich, wenn die einzelne Bodenstation nur kurzzeitig den Satelliten benutzt, wie es bei Regionalsystemen zur Flächenerschließung, vor allem aber im mobilen Satellitenfunk auftritt. Der Satellit wirkt hier als Konzentrator, er stellt vielen Teilnehmern seine relativ wenigen Kanäle zur Verfügung. Die zu installierende Sprech-

41

kreiskapazität am Boden ist ein bis· zwei Größenordnungen höher als die
im Satelliten. Dann ist es gesamtwirtschaftlich sinnvoll, die Bodenstation sehr klein zu machen; die Antennendurchmesser liegen im Bereich
von 2 m bis 4,5 m (Bild 6). Das gleiche gilt für Verteilfunkdienste,
wo ein Satellitenkanal eine sehr große Zahl von Boden-Teilnehmern bedient, also vor allem den Rundfunkdienst mit Teilnehmerantennen bis herab zu rund 1 m Durchmesser.

Bild 6: Erdefunkstelle der Deutschen Welle in Kigali (Rwanda).
        Antennendurchmesser 4,5 m.

Diese Antennen haben wesentlich breitere Strahlen ($1 - 2^{\circ}$). Sie brauchen daher dem Satelliten auch nicht automatisch nachgeführt zu werden,
sondern können fest ausgerichtet sein. Gleichzeitig ist aber ihre Trenn-
schärfe für räumlich im Orbit benachbarte Satelliten schlecht. Deshalb
geht man im festen Funkdienst bei 4 und 6 GHz nicht unter 4,5 m Antennendurchmesser. Für Mobil- und Rundfunksysteme gibt es eigene Frequenzbereiche, und die dort sendenden Satelliten haben größere Abstände voneinander. Die Rundfunkversorgung arbeitet ja mit sehr schmalen Ausleucht-
gebieten auf der Erde, so daß die gewünschte Vielzahl von Programmen auf
diese Weise getrennt werden kann.

Das kleinere Versorgungsgebiet nationaler Satelliten und die Möglichkeit zu kleineren Bodenstationen hängen eng zusammen, wie eine simple
Rechnung zeigt (Tabelle 2). Ein global arbeitender Satellit strahlt im
Idealfalle seine Sendeleistung von 10 Watt gleichmäßig auf die Erde ab,
d.h. auf eine Scheibe von 13 000 km Durchmesser. Die Antenne der Erdefunkstelle mit 32 m Durchmesser hat den 160milliardsten Teil dieser
Fläche und empfängt den entsprechenden Anteil der Sendeleistung. Nach
Abzug verschiedener Verluste verbleiben tatsächlich am Empfängereingang
etwa 5 pW oder $5 \cdot 10^{-12}$ W, was mit den besten möglichen Empfängern zur
Übertragung eines Fernsehbildes in Studioqualität ausreicht. (Ein Fern-
seh-Heimempfänger benötigt für ein gutes Bild 5000 pW!)

In einem nationalen Netz, mit einem Versorgungsgebiet von 1 300 km Durchmesser und einem Antennendurchmesser von 3,2 m, wären die Verhältnisse
wieder die gleichen. Man vergrößert die Antenne auf 4,5 m und hat 10 pW
zur Verfügung, wofür ein etwas einfacherer Empfänger ausreicht.

Satellitendienst		Global	National (Teilnehmernetz)	TV-Rundfunk
Sendeleistung an Bord	W	10	10	500
Versorgungsgebiet	km ∅	13 000	1 300	1 300
Empfangsantenne	m ∅	32	4,5	0,9
Flächenverhältnis		1:160 Mrd	1:80 Mrd	1:2100 Mrd
Tatsächlich empfangen	pW	5	10	20

Tabelle 2: Typische Leistungsbilanz verschiedener Dienste

Für den Fernsehrundfunk möchte man mit 90 cm Antennendurchmesser aus-
kommen. Der Empfänger, der für Privathaushalte erschwinglich sein soll,
braucht wenigstens 20 pW. Bei unverändertem Versorgungsgebiet muß jetzt
die Sendeleistung an Bord auf 500 W erhöht werden, was eine enorme Ver-
größerung der Solarzellenanlage bedeutet.

5. Satelliten-Generationen

Die Zahl der Sprechkreise im Intelsat-System wächst jährlich um etwa
20 %, zur Zeit sind es etwa 18 000. Durch immer leistungsfähigere Satelliten versucht man diesem Wachstum gerecht zu werden (Tabelle 3 und
Bild 7). Gerade wird das System auf den neuen Satellitentyp "Intelsat V"
umgestellt, was auch umfangreiche Umbauten an allen Erdefunkstellen ver-
ursacht. Das Ersetzen voll ausgelasteter Satelliten durch größere ist
dennoch das kleinere Übel: für die Erweiterung durch zusätzliche Satel-

liten würden die Erdefunkstellen zusätzliche Antennen benötigen.

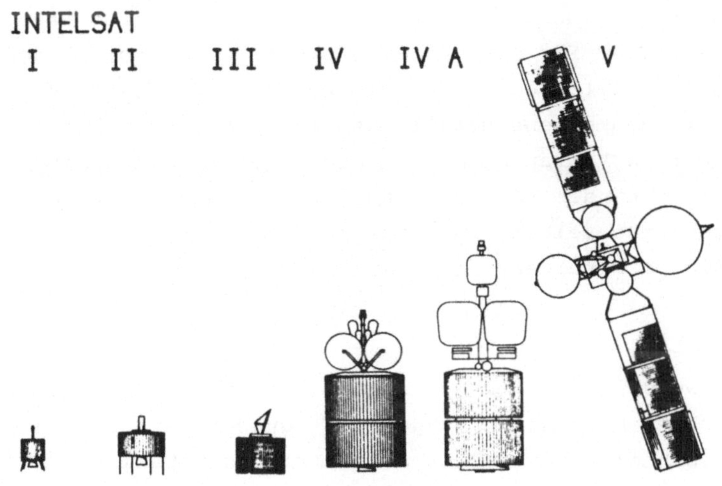

Bild 7: Generationen von Intelsat-Satelliten

Intelsat	I	II	III	IV	IVA	V
Erster Start	1965	1966	1968	1971	1975	1980
Geplante Lebensdauer Jahre	1,5	3	5	7	7	7
Masse kg	38	67	152	700	800	1000
Leistung Watt	40	75	120	400	500	1200
Sprechkreise	240	240	1200	4000	6000	12000

Tabelle 3: Generationen von Intelsat-Satelliten

Im Bereich des Atlantischen Ozeans arbeiten im Intelsat-Netz zur Zeit zwei Satelliten vom Typ "Intelsat IV A" und einer vom Typ IV, hinzu kommt von jedem Typ ein Ersatz-Satellit. Ein "Intelsat V" ist im Orbit und soll noch in diesem Jahr den am stärksten belasteten "Intelsat IV A" ablösen. Zwei bereits abgelöste, also im Intelsat-System nicht mehr benutzte "Intelsat IV" sind noch betriebsfähig.

Die Kapazität solcher Satelliten wird von der Intelsat-Organisation für
nationale und regionale Netze vermietet, ebenso freie Kapazitätsreser-
ven in den Betriebssatelliten und, unter dem Vorbehalt des Eigenbedarfs,
die Kapazität der Ersatz-Satelliten. Es gibt also so etwas wie einen
"Gebraucht-Satelliten-Markt", wo ein Land relativ billig Satelliten-
Übertragungskapazität für nationale Zwecke mieten kann. Länder mit gros-
sem Bedarf an Satellitenwegen oder mit besonderen Anforderungen an deren
Eigenschaften werden eigene Satelliten betreiben. Auch hierfür werden
von den Herstellern Varianten der Intelsat-Satelliten angeboten. Hochindustrialisierte Länder oder Regionen, wie Japan oder Europa, bauen
aber ihre Satelliten selbst, um Arbeitsplätze und "Know-how" in der eigenen Industrie zu erhalten.

6. Zusammenfassung

Satellitenfunkwege lassen sich in Kommunikationsnetzen vielseitig einsetzen, sie haben aber Rückwirkungen auf deren Struktur. Die weltweit
mit heutiger Technologie verfügbare Übertragungskapazität ist beschränkt;
ihre sinnvolle und faire Nutzung ist eine technisch-politische Aufgabe.
Neben den traditionellen großen Erdefunkstellen des internationalen Netzes
sind unter bestimmten Randbedingungen in Regionalnetzen kleinere Bodenstationen technisch möglich und wirtschaftlich, Fernseh-Teilnehmersta-
tionen sogar bis herab zu etwa 1 m Antennendurchmesser. Aufgrund des
raschen Wachstums im internationalen Satellitenfunk ist heute Satellitenkapazität auch für nationale Zwecke günstig zu mieten oder zu kaufen.

Schrifttum

/1/ Rupp, H.: Vielfachzugriff zu Fernmeldesatelliten. In: Kommunikation
    über Satelliten. Berlin, Heidelberg, New York: Springer-Verlag,
    1980.

Technical Applications of Communication Satellites and Their Limitations

H. Mahner
Munich, Germany

Satellite communications networks have many favourable properties.
Practically any connection between two terminals can be implemented
directly, without the need for transit through a third country. The
cost for the connection is independent of distance. Wide-band links
for video or high-speed data are easily established.

In hard-to-access or developing areas, or for new types of service,
the satellite at once provides full area coverage. If in such cases
the traffic volume per terminal is low, the satellite system acts as
a concentrator: the satellite channels are pooled and can be seized
by the subscribers when they need one.

The main drawback of satellite channels is the long transit time of
the signals. According to CCIR recommendations, not more than one satellite section should be used in an international telephone connection.
Therefore, the usual hierarchical structure of switching networks is
not applicable to satellite networks. National satellite networks operate with only one class of switches. For international calls between
such networks, terrestrial alternative routes (submarine cables) should
be available.

The frequency ranges assigned to fixed satellite service (table 1) are
completely used, and even re-used, by one modern communications satellite.
The adjacent satellite has to re-use the same frequencies again. This
is done using the directivity of the antennas. An earth terminal can,
with separate large antennas, separately access satellites which have
a distance of 1-3 degrees in the geostationary orbit (fig. 3). There is,
however, space for not more than a few hundred satellites arranged that
way.

For regional networks, there is the additional possibility to restrict
the service area on the earth's surface, using shaped spot beam antennas on board the satellite. Other areas can then be served with diffe-

rent signals at the same frequencies from the same orbital positions (fig. 4). This technique is so promising that even larger service areas will be subdivided into smaller ones in order to increase satellite capacity, at the expense of a more complex multiple access system.

Never the less, the geostationary orbit remains a limited resource. Its efficient and fair use will require a large amount of technical as well as political effort.

Earth terminals

A coarse classification of earth terminals is possible by the antenna diameter. In the Intelsat System, the prevailing size is the "standard A" with a 32 m antenna (fig. 5). The large earth stations in conjunction with powerful satellites make it possible to convey Intelsat's international traffic with not more than five satellites. For countries with low traffic volume, the "standard B" antenna with 12 m is more economic. Also for national trunk service, antennas use to be between 8-15 m diameter.

Much different is the situation in thin-route or subscriber service where the individual terminals use the satellite intermittently and the satellite carries the concentrated traffic. The circuit capacity of the ground segment then exceeds that of the space segment by an order of magnitude. Since - within some range - the total investment can be shifted between ground and space, it is economic in this case to use very small earth terminals, e.g., 2-4.5 m (fig. 6). This holds even more for broadcast services, where subscriber antennas range down to less than 1 m.

Satellite generations

The number of voice circuits in the Intelsat network, 18 000 at present, is increasing by about 20 % p.a. More and more powerful satellites serve this growing demand (table 3). Inevitably this results in free satellite capacity in superseded but still operational satellites, offered for lease. This in turn is stimulating the evolution of national satellite networks.

Fernsehdirektempfang über Satelliten

J. D. Büchs
Backnang

1. Einleitung

Die Satellitentechnik eröffnet neue Möglichkeiten für die großflächige
Rundfunkversorgung. Denn ein Fernmeldesatellit eignet sich nicht nur
als Relaisstelle für die Weitverkehrs-Nachrichtenübertragung. Er ist
auch als neuartiger Rundfunksender verwendbar, mit dem Fernseh- und
Hörfunkprogramme aus dem geostationären Orbit direkt zum einzelnen
Teilnehmer ausgestrahlt werden können (Bild 1).

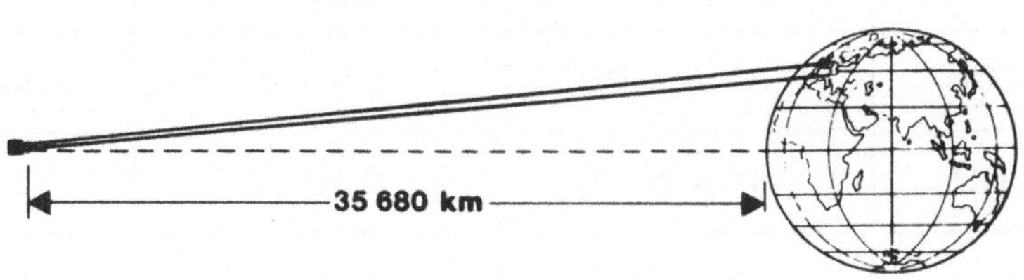

Bild 1   Geostationärer Rundfunksatellit

Rundfunksatelliten-Systeme sind terrestrischen Systemen bezüglich der
Realisierungszeit weit überlegen. Konkurrenzfähig sind sie aber nur
dann, wenn der Preis der Empfangsanlage für den privaten Teilnehmer
tragbar ist. Dabei gilt als Akzeptanzgrenze der Preis eines Farbfern-
sehempfängers. Um dieses Preisziel erreichen zu können, muß man die
Gesamtsystem-Parameter anders wählen als in Weitverkehrssystemen. Bei
diesen wird die Sendeleistung des Satelliten auf einen großen Teil der
Erdoberfläche verteilt, was eine geringe Empfangsfeldstärke zur Folge
hat. Daher sind große Antennen und aufwendige rauscharme Empfangsver-
stärker erforderlich.

Damit einfache und preiswerte Empfangsanlagen verwendet werden können,
muß eine demgegenüber sehr viel höhere Empfangsfeldstärke vorgesehen
werden. Eine Feldstärkeerhöhung ergibt sich teilweise schon dadurch,
daß bei der Rundfunkversorgung über Satelliten die Sendeleistung im
Regelfall durch enge Bündelung auf ein einziges Land konzentriert
werden kann. Zusätzlich ist aber eine Erhöhung der Sendeleistung um
einen von der Landesgröße abhängigen Faktor erforderlich. Unter Randbedingungen, die noch zu erläutern sind, werden für mitteleuropäische
Länder wie Deutschland, Großbritannien, Frankreich und Italien Sendeleistungen von 250 bzw. 350 W pro Kanal benötigt (Bild 2).

Land	Strahlbreite	Leistungs-Verst. (WFR) je Kanal	
		RF-Ausgang	Leistungsaufnahme
DEUTSCHLAND	1,6° x 0,7°	250 W	650 W
FRANKREICH	2,5° x 1,0°	350 W	920 W
GROSS-BRIT.	1,8° x 0,7°	250 W	650 W
ITALIEN	2,5° x 1,0°	350 W	920 W
JUGOSLAWIEN	1,7° x 0,7°	250 W	650 W

Bild 2   Leistungsanforderungen für Rundfunksatelliten

Diese Leistungswerte sind mehr als zehn mal so hoch wie die heutiger
Kommunikationssatelliten, was bedeutet, daß sehr viel leistungsfähigere
Solargeneratoren, also größere Solarzellenflügel erforderlich sind.
Darüberhinaus sind wegen der scharfen Strahlbündelung große und genau
ausgerichtete Sendeantennen vorzusehen. Daher zeichnen sich Rundfunksa-

telliten durch vergleichsweise große

- Primärleistungen,
- Massen und
- Volumina

aus.

Dieser technisch besonders anspruchsvolle Satellitentyp bildet in
Deutschland seit Anfang der 70-er Jahre einen Forschungs- und Entwick-
lungsschwerpunkt. Im Auftrage des Bundesministeriums für Forschung und
Technologie (BMFT) konnte von einer Gruppe deutscher Industriefirmen
die Entwicklung aller Schlüsselbaugruppen des ersten deutschen Rundfunksatelliten TV-SAT weit vorangetrieben werden.

2. Grundlagen

Die Aktivitäten zur Realisierung von Rundfunksatelliten-Systemen konzentrieren sich auf den 12-GHz-Bereich, da die anderen für diesen
Dienst infrage kommenden Frequenzbereiche entweder belegt oder schwer
erschließbar sind. Für Systeme im 12-GHz-Bereich wurde auf einer schon
häufig zitierten Funkverwaltungskonferenz, der WARC-77, ein Plan erar-
beitet, der Anfang 1979 in Kraft trat (WARC-77 = World Broadcasting
Satellite Administrative Radio Conference 1977). Der WARC-77-Plan soll
im weiteren erläutert werden.

Besonders wichtig sind hierin zwei Grundannahmen. Die erste ist, daß
Direktempfang beim einzelnen Teilnehmer möglich sein muß. Dementspre-
chend wird von einer Einzelempfangsanlage ausgegangen, die mit einer
Parabolantenne von 0,9 m Durchmesser aufgebaut werden kann. Für den
ebenfalls möglichen Gemeinschaftsempfang ist ein zweiter Empfangsanla-
gentyp vorgesehen, der mit einer Parabolantenne von etwa 2 m Durchmesser realisierbar ist. Die zweite Grundannahme besagt, daß die Versorgung auf nationaler und nicht - wie ebenfalls diskutiert - auf mul-
tinationaler Basis erfolgt. Dies führt im Regelfall zu einem Funkstrahl
pro Land und damit normalerweise zu einem Satelliten pro Land.

Damit eine Vielzahl von nationalen Satelliten im geostationären Orbit
angeordnet werden kann, sind dort in Abständen von 6 Längengraden Soll-
positionen festgelegt, die mehrfach besetzbar sind (Bild 3). Die Positionen 5° Ost, 1° West und 19° West sind beispielsweise je einer
Gruppe von nordischen, osteuropäischen und mitteleuropäischen Ländern
zugewiesen. Der Empfang der Programme all dieser Satelliten ohne gegen-
seitige Störungen wird durch Festlegungen bezüglich der Sendefrequen-
zen, der Sendegebiete und der maximal zulässigen Feldstärke erreicht.
Störungen durch Satellitenprogramme von anderen Orbitpositionen sind
aufgrund der Richtwirkung der Antennen weitgehend reduziert.

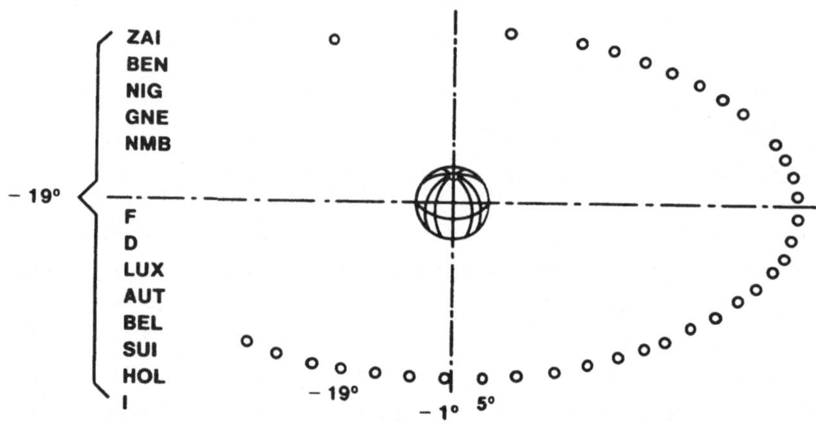

Die Position auf −19° wird von den angeführten Ländern gemeinsam genutzt

Bild 3   Orbitpositionen nach WARC-77

Und Störungen durch Satellitenprogramme der eigenen Orbitposition
werden dadurch unter der Wahrnehmbarkeitsgrenze gehalten, daß in verschiedenen Radiofrequenzkanälen gesendet wird. Dies ist in Bild 4 für
die schon erwähnten nordischen, osteuropäischen und westeuropäischen
Länder dargestellt. Direkt benachbarte Kanäle werden entgegengesetzt
zirkularpolarisiert ausgestrahlt, so daß hier zum Frequenzversatz die
Polarisationsentkopplung hinzukommt. Von den 40 verfügbaren Kanälen
sind im Normalfall jedem Land fünf zugewiesen. Die Bundesrepublik
Deutschland kann die Kanäle 2, 6, 10, 14 und 18 belegen.

Die Kanäle sind für die Ausstrahlung je eines Fernsehprogramms oder
eines äquivalenten Signals ausgelegt. Als Modulationsart ist die vom
UKW-Hörfunk her bekannte Frequenzmodulation zugrundegelegt, doch sind
andere Modulationsarten ebenfalls zugelassen. Beispielsweise wurden von
AEG-TELEFUNKEN im Rahmen einer BMFT-Studie über die Hörfunkprogramm-
Ausstrahlung u.a. digitale Modulationsarten vorgeschlagen. Mit einem
der dabei untersuchten Verfahren lassen sich in jedem Kanal maximal 16
digitalisierte Stereoprogramme senden, die - mit einem neuartigen
"Satellitentuner" empfangen und verarbeitet - einen Rauschabstand von
mehr als 60 dB aufweisen und somit die Qualität heutiger Stereoprogramme weit übertreffen.

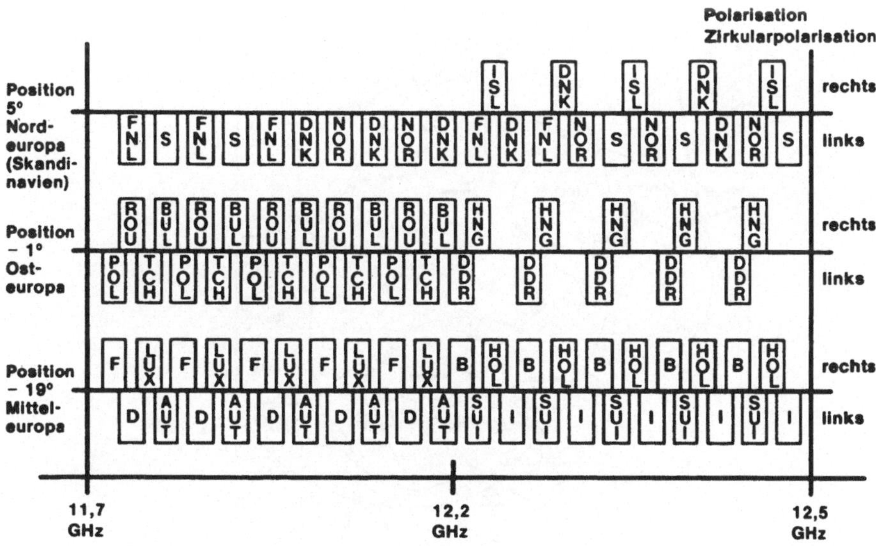

Bild 4   Frequenzpläne europäischer Länder nach WARC-77

Für jedes Land ist ein elliptischer Strahl bestimmter Größe, Richtung
und Orientierung sowie eine Maximalfeldstärke in Hauptstrahlrichtung
vorgeschrieben. Damit ergibt sich eine Kontur, auf der die Feldstärke
einen bestimmten Betrag nicht überschreiten darf (Bild 5). So ist
sichergestellt, daß bei begrenzter Störwirkung nach außen in jedem Land
eine gute Bildqualität erreichbar ist. Das Innere der Kontur mit vor-
geschriebener Maximalfeldstärke trägt die Bezeichnung Bedeckungsgebiet.

Das Bedeckungsgebiet der Bundesrepublik Deutschland umfaßt große Teile des deutschsprachigen Raumes. Die Bedeckungsgebiete der Nachbarländer reichen zum Teil beträchtlich bis auf deutsches Gebiet. Vielerorts wird man also mit einfachen Einzelempfangsanlagen auch ausländische Programme genügend rauschfrei empfangen können. Dennoch wird das Mitsehen und Mithören von Programmen der Nachbarländer nicht immer möglich sein, da ein interferenzfreier Empfang vom WARC-77-Plan nur im Landesinnern garantiert wird.

Damit sollen die Bemerkungen zum WARC-77-Plan abgeschlossen werden.

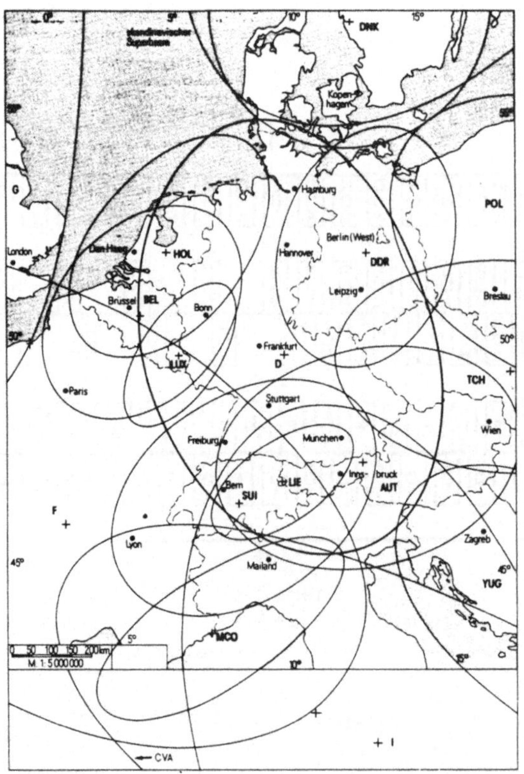

Bild 5   Europäische Bedeckungsgebiete nach WARC-77

3. Das Raumsegment

Als Beispiel eines typischen Rundfunksatelliten soll nun der geplante
deutsche Satellit TV-SAT D3 näher betrachtet werden. In Bild 6 sind
seine Bestandteile dargestellt, nämlich der Antriebsmodul, der Be-
triebsmodul, der Nutzlastmodul, die Empfangs- und die Sendeantenne
sowie Teile des Solargenerators. Einprägsame Daten sind

- die Solargeneratorleistung von 3 kW,

- das Gewicht von etwa 1 t und

- die Höhe von etwa 6 m.

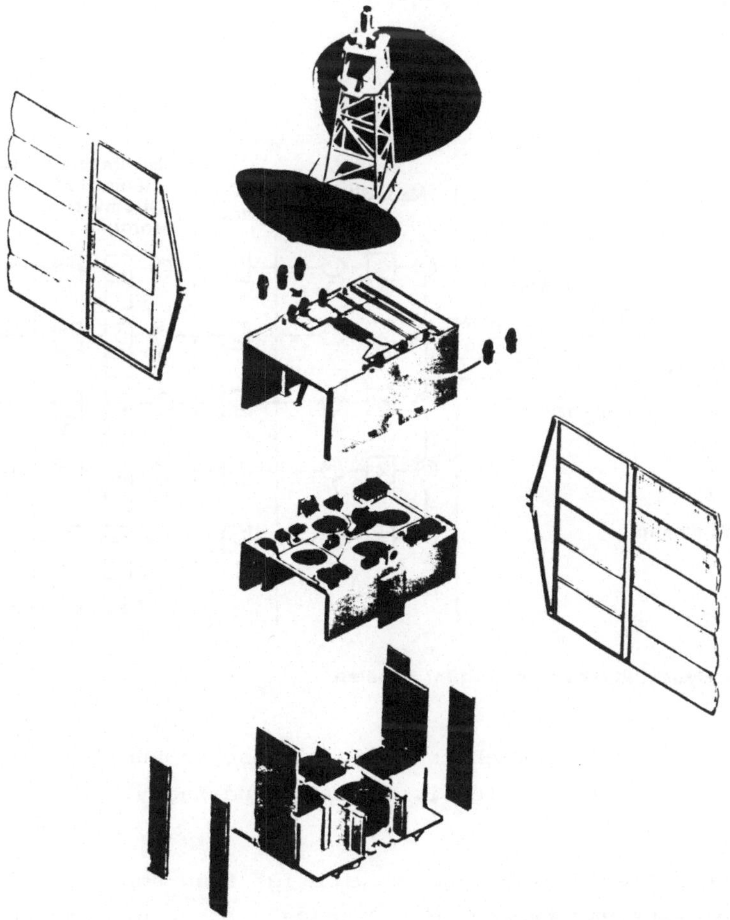

Bild 6   Moduln des deutschen Rundfunksatelliten
          TV-SAT D3

Zum Verständnis der für den Rundfunkteilnehmer wichtigen elektrischen
Funktionsweise ist die Nutzlast-Elektronik von besonderem Interesse
(Bild 7). Ihre wichtigsten Bestandteile sind

- der Breitbandteil, in dem die zugeführten Programme vorverstärkt und
  in den 12-GHz-Bereich umgesetzt werden,

- der Eingangs-Multiplexer, der zur Aufteilung der Programme auf die
  einzelnen Kanäle dient,

- die Kanalverstärker mit konstanten Ausgangspegeln,

- die Hochleistungs-Sendeverstärker und

- der Ausgangs-Multiplexer, in dem die einzelnen Kanäle wieder zusammengefaßt werden.

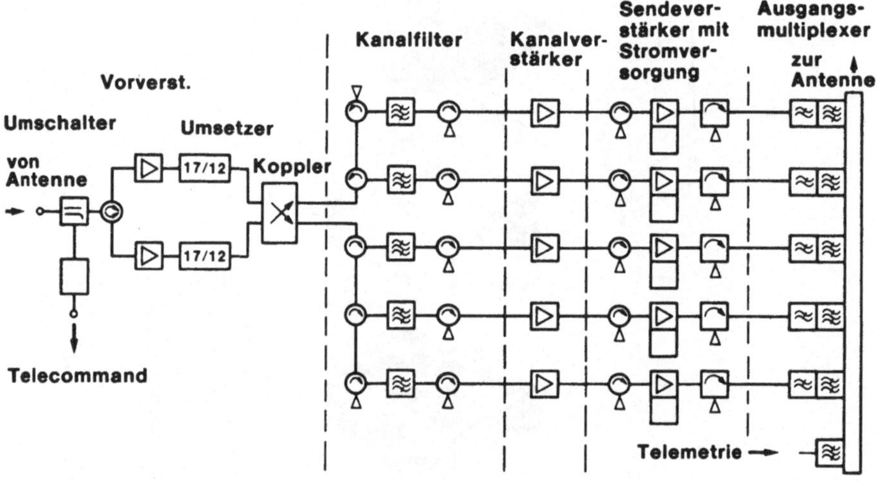

Bild 7   Nutzlastelektronik des deutschen Rundfunksatelliten
          TV-SAT D3 (Basislösung, Stand August 1980)

Im weiteren sollen drei besonders wichtige Baugruppen näher betrachtet
werden, der Kanalverstärker, der Sendeverstärker und der Ausgangs-Multiplexer.

In den Halbleiter-Kanalverstärkern wird ein Großteil der auf der Aufwärtsstrecke wirksamen Ausbreitungsdämpfung ausgeglichen. Weiterhin
werden hier die von der Atmosphäre verursachten Pegelschwankungen am
Satelliteneingang ausgeregelt. Diese beiden Aufgaben werden mit Ver-
stärkungs- und Dämpfungsstufen erfüllt. Beide Arten von Stufen sind als
integrierte Mikrowellenschaltungen auf Aluminiumoxid-Keramik-Substraten
ausgeführt.

Die Sendeverstärker müssen eine Ausgangsleistung von 260 W liefern.
Diese Forderung konnte durch Weiterentwicklung der in der Satellitentechnik bewährten Wanderfeldröhre erfüllt werden. Ein für dieses Hoch-
leistungs-Röhren hoher Wirkungsgrad von etwa 44 % wurde durch Übergang
von den bisher üblichen 2 oder 3 auf 5 Kollektorstufen erreicht. Die
Verlustleistung, die hauptsächlich am Kollektor entsteht, wird direkt
in den Weltraum abgestrahlt.

Der Augangs-Multiplexer besteht aus Tiefpaß-Bandpaß-Kombinationen, die
an einen Sammel-Hohlleiter angekoppelt sind. Die Einzelsignale werden
den Filtereingängen zugeführt und gelangen vom Sammel-Hohlleiter zur
Sendeantenne. Die Dämpfung pro Kanal konnte deutlich unter dem spezi-
fizierten Wert von 0,8 dB gehalten werden. Dennoch entsteht eine Verlustleistung, die mit 30 bis 40 W pro Kanal fast doppelt so groß ist
wie die Sendeleistung bekannten Weitverkehrs-Satelliten. Daher sind
Wärmerohre, bekannt unter dem Namen Heat Pipes, erforderlich, mit denen
die Verlustwärme zu Radiatoren geführt wird, die sie in den Weltraum
abstrahlen.

4. Das Bodensegment

Nach den WARC-77-Definitionen gibt es Einzel- und Gemeinschaftsempfangsanlagen. Im weiteren sollen Konzepte beschrieben werden, die so
aufgebaut sind, daß in beiden Anlagentypen

- weitgehend gleiche Geräte verwendbar und

- bestehende Einrichtungen nutzbar

sind. Es wird angenommen, daß nur eines der beiden 400 MHz breiten
Halbbänder des Frequenzplans empfangen wird und daß einer der fünf Kanäle eines Landes mit Hörfunkprogrammen belegt ist.

In Bild 8 ist das Blockschaltbild einer Gemeinschaftsanlage dargestellt. Die deutschen und - falls vorhanden - österreichischen Programme werden im 12-GHz-Bereich mit Parabolantennen von etwa 2 m Durchmesser empfangen. Sie gelangen von der Polarisationsweiche über einen
rauscharmen Vorverstärker zu einem Mischer, wo sie auf die erste Zwi-
schenfrequenz umgesetzt werden, die beispielsweise bei 1 GHz liegen
kann. Nach der kanalweise durchgeführten Frequenzdemodulation werden
die Fernsehprogramme in restseitenbandmodulierte Signale umgewandelt.
Entsprechend den bestehenden Richtlinien für Kabelfernsehsysteme werden
sie in VHF-Lage in das Verteilnetz eingespeist und den Teilnehmern
zugeführt.

Die Hörfunkprogrammbündel werden, wenn das bereits erwähnte, von AEG-
TELEFUNKEN vorgeschlagene digitale Verfahren angewandt wird, ohne Modu-
lationswandlung verteilt. Hierfür stehen die in den KTV-Frequenzplänen
noch unbelegten Frequenzbereiche bei 78 und 113 MHz zur Diskussion. Die
Signale werden einem "Satelliten"-Radio zugeführt, das einen neuartigen
Tuner enthalten muß, im Niederfrequenzteil aber wie ein heutiger Ste-
reo-Empfänger aufgebaut sein kann.

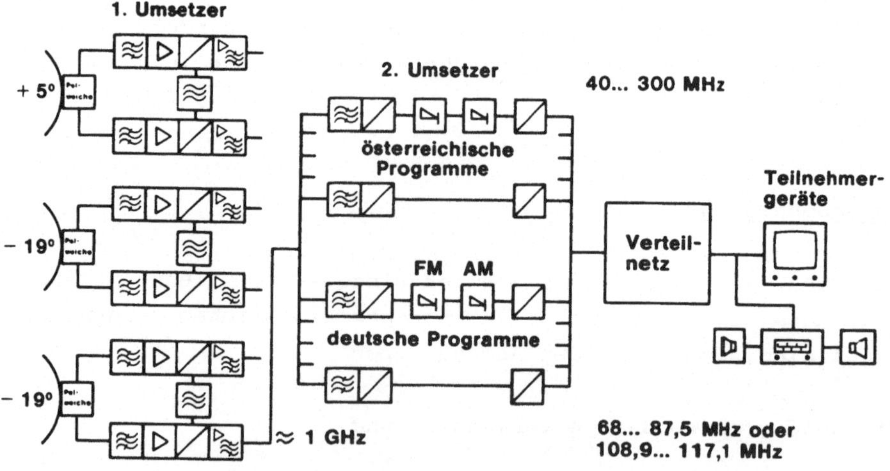

Bild 8   Blockschaltbild einer Gemeinschaftsempfangsanlage

Zum Empfang weiterer ausländischer Programme ist zusätzlicher Aufwand
erforderlich. Für die französischen und/oder luxemburgischen Programme
müßte am zweiten Ausgang der Polarisatonsweiche ein zweiter Mikro-
wellenumsetzer vorgesehen werden. Die Programme Italiens, der Schweiz,
Belgiens und der Niederlande liegen zwischen 12,1 und 12,5 GHz und sind
mit einem auf dieses Band abgestimmten Eingangsteil zu empfangen. Der
Aufwand in einer Kopfstelle steigt weiter an, wenn Programme von anderen Satellitenpositionen empfangen werden sollen.

Bei Einzelempfang sind aus Kostengründen bei gleichem Grundkonzept
Modifikationen erforderlich (Bild 9). Die Kanaleinheiten können hier
nicht mehrfach vorgesehen werden, sondern müssen umschaltbar sein.
Durch Umschaltung der Umsetzoszillatoren ist es möglich, einen Fernseh-
und einen Hörfunk-Satellitenkanal auszuwählen. Eine Erweiterung auf
mehr als zwei Satellitenkanäle ist durch Hinzufügen weiterer Kanaleinheiten ohne weiteres realisierbar.

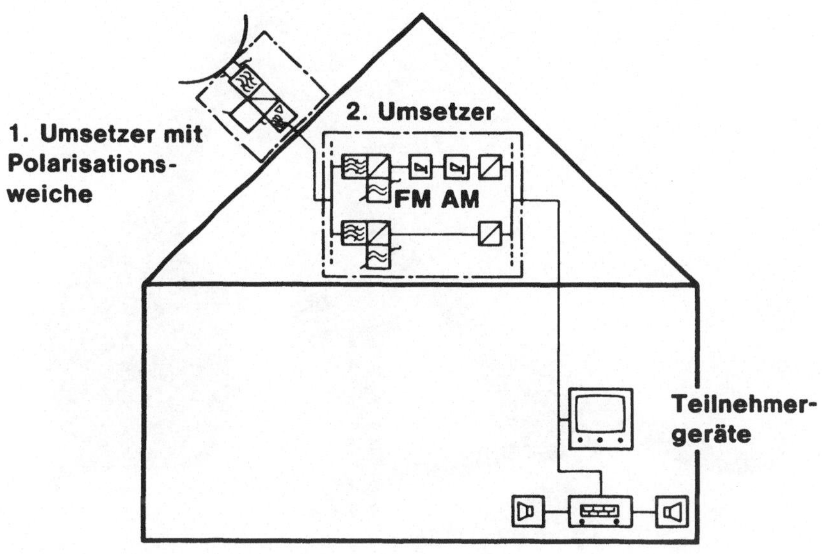

Bild 9   Blockschaltbild einer Einzelempfangsanlage

Eine spürbare Vereinfachung ergibt sich, wenn die Verteilung in der
Hausanlage nicht im VHF- oder UHF-Bereich, sondern im 1-GHz-Bereich
durchgeführt wird. Denn dann kann der Remodulator eingespart werden.
Die anderen Baugruppen wie z.B. der Frequenzdemodulator ließen sich
dann in den Empfänger verlagern. Die Vorteile dieser Lösung müssen aber
mit zahlreichen Nachteilen erkauft werden, die mit der Verteilung von
FM-Signalen bei 1 GHz verbunden sind. Das Konzept mit VHF- oder UHF-
Verteilung hat größere Chancen realisiert zu werden.

Hauptbestandteile der Einzelempfangsanlage sind die Außeneinheit mit
Antenne und Eingangsteil und die Inneneinheit. In Bild 10 ist ein
Vorentwicklungsmuster der Außeneinheit zu sehen. Der 90-cm-Parabol-
spiegel wird mit einem dielektrischen Erreger ausgeleuchtet. An der
Rückseite ist das 12-GHz-Eingangsteil mit dem 1-GHz-Ausgang angebracht.

Bild 10   Vorentwicklungsmuster einer Einzelempfangsanlage

5. Stand der Realisierung und Nutzungsmöglichkeiten

Interesse an Rundfunksatelliten besteht in mehreren europäischen Ländern. Durchgeführt wird in Europa bisher aber nur das Projekt TV-SAT, das seit kurzem als deutsch-französisches Gemeinschaftsprojekt vereinbart ist. Nach einem im Frühjahr 1980 unterzeichneten Regierungsabkommen sind ein deutscher Satellit TV-SAT D3 und ein französischer Satellit TDF-1 F3 geplant, die 1983 und 1984 gestartet werden sollen.

Der TV-SAT D3 wird als präoperationeller Satellit mit fünf nichtredundanten Kanälen ausgerüstet, von denen drei betrieben werden und zwei als Ersatzkanäle dienen sollen. In der Mitte der 80-er Jahre soll der operationelle TV-SAT D5 mit fünf redundant ausgeführten Kanälen folgen. Zum Abschluß seien die Nutzungsmöglichkeiten von Rundfunksatelliten noch einmal zusammenfassend genannt (Bild 11).

- **Schliessung von Versorgungslücken**

- **Zusätzliche TV-Programme**

- **Zweiter Begleitton bei TV**

- **Tonprogramme (hochwertig, Stereo)**

- **Ausländische TV-Programme**

Bild 11   Nutzungsmöglichkeiten von Rundfunk-Satelliten

Mit Hilfe des präoperationellen TV-SAT D3, der die beiden bestehenden
deutschen Fernsehprogramme senden soll, werden etwa ab 1984 noch bestehende Versorgungslücken geschlossen werden können. Mit dem dritten
Kanal dieses Satelliten sollen nach heutigem Planungsstand hochwertige
Stereoprogramme ausgestrahlt werden, möglicherweise in digitaler Form.
Ab Mitte der 80-er Jahre könnte der operationelle TV-SAT D5 die Voraussetzungen für eine - medienpolitisch allerdings umstrittene - Programm-
erweiterung bieten. Etwa zu dieser Zeit werden mit einiger Wahrschein-
lichkeit auch ausländische Satellitenprogramme zur Verfügung stehen.

Direct Reception of Television Programs from Satellite

J. D. Büchs
Backnang, Germany

By means of satellite communication techniques an unlimited number of
subscribers, distributed over a large area, can be supplied with television programs or equivalent signals. This can be achieved by con-
centrating the output power of special high power satellites on single
countries. This results in a high power flux density which enables the
use of simple, low-cost receiving equipment. Fig. 1 shows a geostationary broadcasting satellite covering the area of the Federal Republic
of Germany. For European countries such as Germany, Great Britain,
France and Italy, transmit powers in the order of 250 and 350 W have to
be supplied (fig. 2). Broadcasting satellites with downlink frequencies
in the 12-GHz-range have been studied and developed in Germany since
the early seventies.

A detailed plan for the corresponding systems is laid down in the final
acts of the WARC-77 (World Broadcasting Satellite Radio Administrative
Conference 1977). A key item of this plan is that satellite braodcast-
ing has to be carried out on a national rather than a multilateral
basis. This means that in the normal case one satellite per country has
to be provided.

In order to make best use of the geostationary arc, certain positions
were assigned to a group of countries. Figure 3 shows all these positions with special emphasis on the positions of the European countries.
Visual or audio mutual interferences are avoided by means of regulations concerning the transmit frequencies, coverage areas and the maximum power flux density. As is shown in fig. 4 each country has at least
five channels at its disposal. The channels can be used for TV transmission programs or equivalent signals such as sound programs. Because
spillover cannot be avoided, foreign programs will be available under
favourable circumstances. This can be deduced from fig. 5.

Salient features of broadcasting satellites are their very high prime power, mass and volume. The future German TV-SAT is a typical example of this type of satellite. An exploded view of TV-SAT can be seen in fig. 6.

The electronic part of the payload has to fulfil stringent requirements (fig. 7). This is mainly due to the fact that a very high transmit power is necessary which is, in the case of the Federal Republic of Germany, in the order of 250 W. Powers of this magnitude can still be supplied by means of traveling wave tubes.

As for the ground receiving equipment two different types have to be distinguished, namely individual and community receivers. They can be implemented with parabolic antennas of 0.9 and 2.0 m diameter, respectively. The concepts of these two types of receivers should be such that the equipment fits to existing installations and that a high degree of commonality of the components and subsystems is achieved (fig. 8 and 9). In community receiving sytems the number of domestic and foreign program channels could become very large depending on the number of satellites launched. In the implementation of individual receiving installations the number of programs has to be reduced drastically. This can be put into practice by providing a means for choosing programs. Fig. 9 gives an impression of how the outdoor unit of an individual receiver will look like.

Several European countries are interested in broadcasting satellite systems. But only the German TV-SAT program is running so far. This program will be completed on a Franco-German bilateral basis as was agreed upon between the two governments. The launches are planned for 1983 and 1984. The first German broadcasting satellite, TV-SAT, will be used in the preoperational phase. This satellite is equipped with five nonredundant channels. It is intended that two of these will carry the two existing German TV programs and that one will be used for sound program experiments (fig. 11). The remaining two channels are available for redundancy purposes. The operational phase of German satellite broadcasting is expected in the mid eighties. The participants of the TV-SAT program should have a good position in the arising markets for broadcasting satellite systems which are expected in Europe and in those non-European countries where an infrastructure for information media still has to be developed.

Vielfachzugriff zu Fernmeldesatelliten

H. Rupp
Pforzheim

1. Einleitung

Seit rund 15 Jahren bilden Fernmeldesatelliten einen wichtigen Bestandteil des interkontinentalen Fernsprechnetzes. Mit den ersten Satellitensystemen konnten nur Punkt-
zu-Punkt-Verbindungen hergestellt werden. Da sich jedoch in dem von einem Synchronsa-
telliten aus sichtbaren Drittel der Erdoberfläche eine größere Anzahl von Verkehrszen-
tren befindet, lag es sehr bald nahe, mehrere dieser Zentren gleichzeitig über einen Satelliten miteinander zu verbinden; man spricht dann von Vielfachzugriff zu einem Fernmeldesatel-
liten. Bild 1 zeigt diesen Mehrfachzugang oder Vielfachzugriff zum Satelliten anschaulich. Durch diese Eigen-
schaft von Fernmeldesatelliten ergeben
sich gegenüber den herkömmlichen Weit-
verkehrsverbindungen über Kabel oder
Richtfunk Vorteile, insbesondere dann,
wenn das Verkehrsaufkommen in den einzelnen Verbindungen eine direkte Weit-
verkehrsverbindung nicht rechtfertigt.

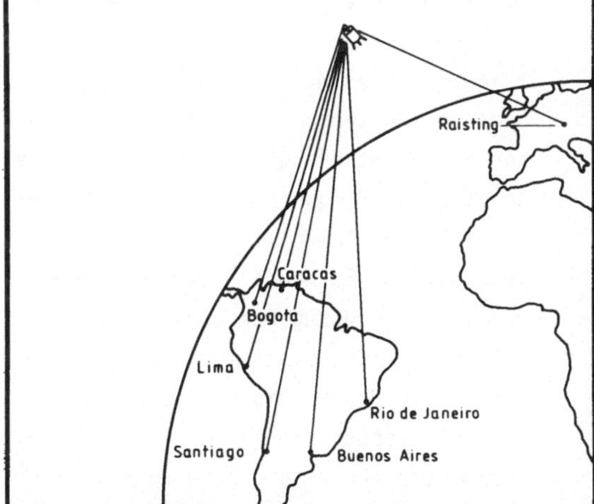

Bild 1: Satellitenverbindung mit
Mehrfachzugang.

2. Möglichkeiten des Vielfachzugriffs

Welche wesentlichen Verfahren für den Vielfachzugriff zu Fernmeldesatelliten kommen
derzeit für kommerzielle Systeme in Frage?
Noch heute basieren die Fernmeldesatellitensysteme auf den Verfahren und der Technik
des Richtfunks. Daher wird noch weitgehend Frequenzmodulation als Modulationsverfahren
verwendet; als Vielfachzugriffsverfahren ergibt sich damit der Vielfachzugriff im Frequenzmultiplex (Frequency Division Multiple Access, FDMA). Neben einer Aufteilung der
Übertragungskapazität des Satellitentransponders auf die verschiedenen zugreifenden
Erdefunkstellen in der Frequenz ist auch eine Aufteilung in der Zeitebene, Vielfach-

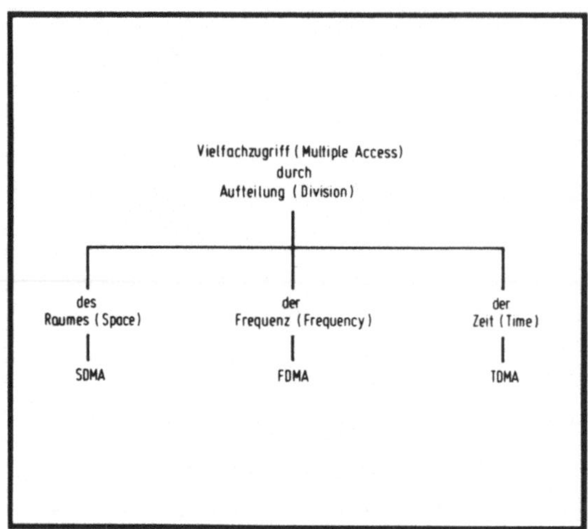

Bild 2: Vielfachzugriffsverfahren

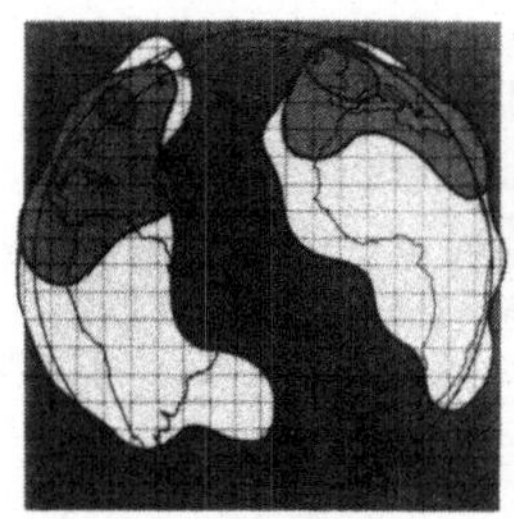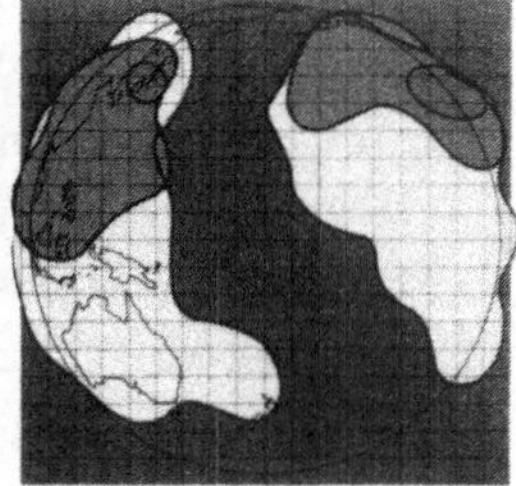

Bild 3: INTELSAT V,
Ausleuchtung Atlantik und Pazifik

zugriff im Zeitmultiplexverfahren (Time Division Multiple Access, TDMA) möglich. Die beschränkte Verfügbarkeit von Frequenzen führt dazu, daß alle Anstrengungen unternommen werden, um gegebene Frequenzbänder mehrfach auszunutzen (Frequency Reuse). Unter bestimmten Randbedingungen gelingt es, eine hinreichende Entkopplung zweier Übertragungen über das gleiche Funkfeld dadurch zu ermöglichen, daß zueinander orthogonale Polarisationen verwendet werden. Trennt man diese Signale durch geeignete Weichen in den Erdefunkstellen und im Satelliten, so ergibt sich bei gleichem Frequenzband eine Verdoppelung der Übertragungskapazität.

Spot-beam-Antennen mit hinreichend starker Bündelung ermöglichen es, das in Rede stehende Frequenzband in verschiedenen Gebieten immer wieder unabhängig auszunutzen. Es handelt sich um eine räumliche Trennung der verschiedenen Antennenkeulen, also um einen Vielfachzugriff im Raummultiplex (Space Division Multiple Access, SDMA). Man erkennt Möglichkeiten für kombinierte Zugriffsverfahren, z.B. TDMA/SDMA. Bild 3 zeigt ein Beispiel für die räumliche Auftrennung der verschiedenen Antennenkeulen beim Satelliten IS V für den atlantischen und pazifischen Bereich. Jeweils ist die Ausleuchtung eines östlichen und eines westlichen Hemisphärenbereiches (mit gleichen Frequenzen) vorgesehen, zusätzliche östliche und westliche Zonenausleuchtungen erfolgen jeweils mit gegenüber der Hemisphärenausleuchtung orthogonaler Polarisation bei gleichem Frequenzbereich.

Wird ein Vielfachzugriffssystem genau beschrieben, dann macht man Angaben in der Reihenfolge: Basisbandaufbereitung - Modulationsverfahren - Zugriffsart /1/. Beispiel:

- Die übertragenen Basisbandsignale sind Trägerfrequenzsignale, also Frequenzmultiplex (Frequency Division Multiplex, FDM),
- als Modulation auf der Strecke wird FM benutzt,

- das Zugriffsverfahren sei FDMA.

Man spricht hier von FDM-FM-FDMA.

3. Vielfachzugriff im Frequenzmultiplex mit Mehrkanalträgern

Dieses Verfahren verwendet als Modulationsverfahren Frequenzmodulation (FM), als modulierendes Basisbandsignal ein trägerfrequentes Bündel von NF-Sprechkanälen. Dies ist das bis heute meist verwendete Zugriffsverfahren. Bild 4 oben zeigt das Prinzip. Innerhalb der Transponderbandbreite lassen sich über der Frequenzachse n FM-Träger mit ihrer Modulation unterbringen. Im Beispiel wird von der sendenden Erdefunkstelle der FM-Träger 2 ausgesendet. Empfangsseitig werden im Beispiel alle n Träger empfangen.

Im INTELSAT-Netz ist eine große Zahl von frequenzmodulierten Trägern mit unterschiedlicher Kanalzahl des zur Modulation verwendeten Trägerfrequenzsignals genormt. Es gibt bei gleicher Kanalzahl Träger verschiedener Sendeleistungen und Bandbreiten. Insgesamt ergeben sich dreißig Trägerarten mit unterschiedlichen Übertragungsparametern.

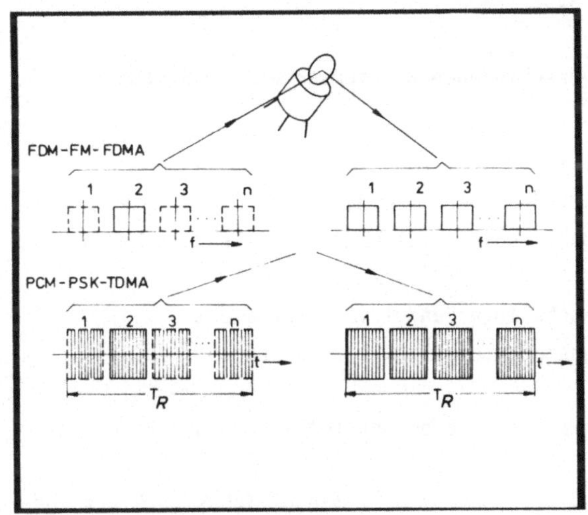

Bild 4: Vielfachzugriffsverfahren für
        Fernmeldesatelliten

Jede Trägerart kann einer Erdefunkstelle auf beliebiger Frequenz innerhalb der Sende- und Empfangsfrequenzbereiche zugeteilt werden. Die zugeteilte Trägerart richtet sich nach dem Verkehrsaufkommen. Dem Betriebspersonal der Erdefunkstelle muß es möglich sein, durch Umstellen der Übertragungsparameter eines Trägers in den betroffenen Sende- und Empfangseinrichtungen eine Anpassung an einen geänderten Bedarf zu erreichen. Zu diesem Zweck ist ein Austausch einiger kanalzahlabhängiger Baugruppen vorgesehen. Außerdem können Sendeleistung und Kanalhub verändert werden.

Das Basisbandsignal der sendenden Erdefunkstelle kann Sprechkanäle für verschiedene Empfangserdefunkstellen enthalten (multidestination carrier). In diesem Fall müssen von den Empfangserdefunkstellen sämtliche ankommenden Träger demoduliert und aus der Basisbandebene die für die eigene Station bestimmten Sprechkanäle abgeleitet werden.

Durch die schnelle Ausweitung des INTELSAT-Netzes stellte es sich bald heraus, daß das besprochene System nicht allen Wünschen der Anwender nachkommen kann. Gründe dafür sind u.a.:

- Je kleiner das Verkehrsaufkommen einer Erdefunkstelle ist, umso mehr wäre aus verkehrstheoretischen Gründen ein Betrieb mit richtungsvariablen Kanälen sinnvoll. Beim vorliegenden System bedeutet das, daß alle Vielkanalträger, die Antwortkanäle enthalten, demoduliert werden müssen, und daß die Vierdrahtbildung nach Abbau des TF-Multiplex in NF-Ebene stattfinden muß.

- Eine kurzfristige laufende Bedarfsanpassung im Sinne variabler Kapazität ist praktisch kaum möglich, da das Personal Baugruppen auswechseln und Einmeßarbeiten durchführen muß.

- Je mehr Träger über einen Transponder gehen, umso größer wird das von ihnen verursachte Intermodulationsgeräusch. Man ist gezwungen, die Sendeleistung zu reduzieren ("back-off") und verliert dadurch Systemkapazität.

3.1. Erforderliche Sprechkreiszahl bei verschiedenen Betriebsarten des Systems:

Im folgenden soll an einem Modellbeispiel mit 30 Erdefunkstellen aufgezeigt werden, welche Sprechkreiszahlen bei gegebenem Verkehrsangebot in den einzelnen Verbindungen für das Gesamtsystem erforderlich sind. Dabei sollen folgende Betriebsarten betrachtet werden:

- Alle Erdefunkstellen sind durch festgeschaltete Bündel voll vermascht,
- die Kanalzahl je Erdefunkstelle ist konstant, die Kanäle sind jedoch richtungsvariabel,
- die Zahl der richtungsvariablen Sprechkanäle je Erdefunkstelle kann bei Bedarf ohne Verzögerung variiert werden.

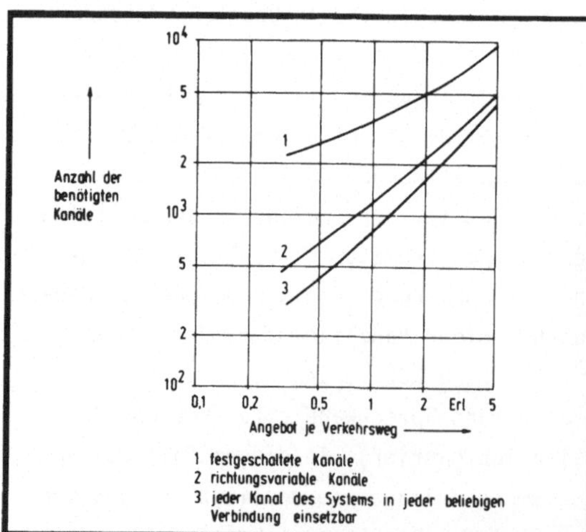

Bild 5: Zahl der für ein Vielfachzugriffsystem mit 30 Stationen erforderlichen Sprechkanäle als Funktion des Verkehrsangebotes je Verbindung.

Unterstellt man gleiches Verkehrsangebot für alle Verbindungen und eine Verlustwahrscheinlichkeit von 1 %, so zeigt Bild 5 die erforderlichen Kanalzahlen für das Gesamtsystem. Insbesondere bei kleinem Verkehrsangebot je Verbindung ist bei Betrieb mit festgeschalteten Bündeln die erforderliche Kanalzahl gegenüber den anderen Betriebsarten nennenswert größer. Zu höherem Verkehrsangebot je Verbindung hin verringern sich jedoch die Unterschiede in den erforderlichen Kanalzahlen immer mehr. Der Unterschied zwischen Systemen mit richtungsvariablen Sprechkanälen sowie mit fester bzw. variabler Kanalzahl je Erdefunkstelle ist jedoch selbst bei kleinem Verkehrsangebot je Verbindung gering.

Dazu kommt noch, daß, bedingt durch die Laufzeiten im Satellitensystem, der theoretisch mögliche Zusatzgewinn im Falle variabler Kanalzahl je Erdefunkstelle nur teilweise realisiert werden kann.

4. Vielfachzugriff im Frequenzmultiplex mit Einzelkanalträgern

Bei dieser FDMA-Technik überträgt jeder RF-Träger einen Sprechkanal (Single Channel Per Carrier, SCPC). Anfangs der siebziger Jahre wurde im INTELSAT-Netz als Ergänzung zu dem klassischen FDMA-System ein PCM-PSK-SCPC/FDMA-System eingeführt, dem der Name SPADE gegeben wurde (Single Channel per carrier PCM multiple Access Demand assignment Equipment) /2, 3/.

Vielfachzugriffsysteme auf dieser Basis (Demand Assignment Multiple Access, DAMA) spielen heute für die Fernmeldeversorgung dünn besiedelter Gebiete eine große Rolle. In der Bandbreite eines INTELSAT IV-Transponders (36 MHz) sind 400 Paare von Trägern vorgesehen. Ein solches Trägerpaar wird nach Bedarf zugeteilt, um einen Sprechkreis zwischen zwei beliebigen teilnehmenden Erdefunkstellen zu bilden. Für die Zeichengabe zwischen den Erdefunkstellen ist ein gemeinsamer Zeichenkanal vorgesehen, an dem alle Erdefunkstellen in einem kleinen TDMA-System teilnehmen.

Bild 6 zeigt den Frequenzplan des SPADE-Systems. Aus jeweils 2 Trägern mit einer Modulationsbandbreite von 45 kHz wird bedarfsweise ein Sprechkanal zusammengeschaltet.

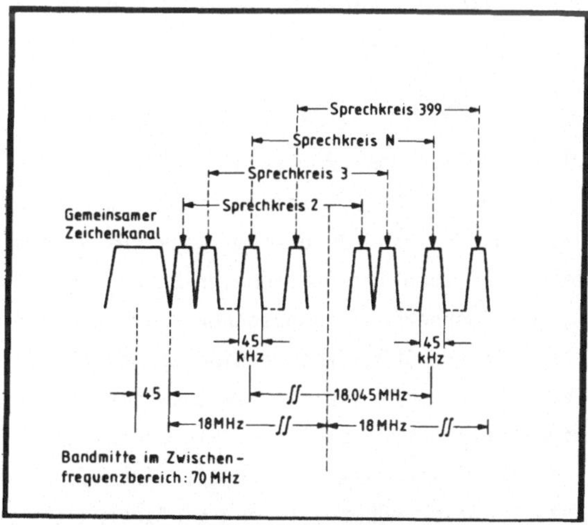

Bild 6: Frequenzplan des SPADE-Systems.

Bild 7 zeigt das Blockschaltbild der SPADE-Einrichtung in der Erdefunkstelle und zeigt den Aufbau der pro Sprechkreis in der Erdefunkstelle benötigten Baugruppe. Die PCM-codierte Sprache wird mittels PSK dem jeweiligen Träger aufmoduliert. Die aus dem pool zugeteilten Trägerfrequenzen für die Senderichtung (Modulator) und für die Empfangsrichtung (Demodulator) werden durch den gleichen Synthesizer erzeugt; zu diesem Zweck ist der konstante Frequenzabstand der Träger eines Paares vorteilhaft. In den Sprachpausen wird eine Trägeraustastung verwendet.

Es ist bekannt, daß die gesamte Systemkapazität eines FDMA-Systems mit der Zahl der zugreifenden Träger abnimmt: Um die Intermodulationsgeräusche nicht über ein unerlaubtes Maß ansteigen zu lassen, muß die Wanderfeldröhre insbesondere im Satelliten in immer größerem Abstand von der Sättigung betrieben werden. Dieser "back-off" bedeutet also, daß an sich vorhandene Sendeleistung nicht genutzt werden kann. Bei Einzelkanal-

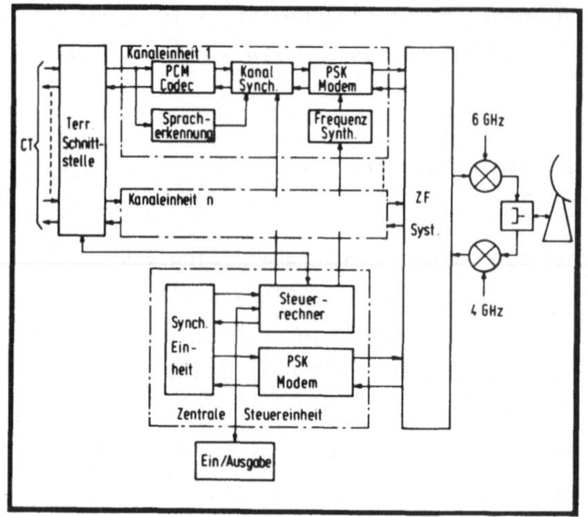

Bild 7: Prinzipschaltbild einer
SPADE-Erdefunkstelle.

trägern wird die Zahl der zugreifenden Träger so groß, daß eine besonders sorgfältige Auslegung notwendig
ist.

Zunächst läßt sich die Zahl der im jeweiligen Augenblick übertragenen Träger etwa um den Faktor zwei reduzieren, indem ein Träger nicht gesendet
wird, solange sein Sprechkanal eine
Sprachpause aufweist. Dazu ist eine
kanalindividuelle Spracherkennungs-
schaltung notwendig. Die Möglichkeit
der Sprachaustastung (Voice-operated
Carrier Transmission, VOX) wird bei
den meisten SCPC-Systemen genutzt.

Moderne SCPC-Systeme unterscheiden sich z.T. erheblich vom SPADE-System. Einige Gründe dafür sollen kurz genannt werden. SPADE erlaubt den bedarfsweisen Einsatz der Ka-
nalpaare zwischen beliebigen zugreifenden Erdefunkstellen. Zu diesem Zweck müssen die
SPADE-Rechner in den Erdefunkstellen praktisch Aufgaben internationaler Durchgangs-
vermittlungsstellen (Centre de Transit, CT) mit übernehmen, insbesondere die Anpassung an verschiedene Zeichengabeverfahren usw. Andere SCPC-Systeme sind demgegenüber
speziell für Regionalsysteme in großflächigen Ländern mit kleinen, weit verstreuten
Siedlungen gedacht, wo sich eine sternförmige Netzstruktur anbietet: Die einzelnen
peripheren Erdefunkstellen verkehren über den Satelliten jeweils nur mit einer Zen-
tralstelle. Diese Betriebsart für "thin route traffic" führt auf sehr einfache und
kleine periphere Erdefunkstellen (z.B. 3,3 m-Spiegel).
Die technologischen Fortschritte haben sich auf den Aufwand für die Sprechkanalein-
heit positiv ausgewirkt; man denke nur an die heute verfügbaren integrierten Einzel-
kanalcodierer usw. Durch Mikroprozessoren werden einfache dezentral organisierte Systeme mit bedarfsweiser Zuordnung möglich.
Bei den Modulationsverfahren treten neben die bei SPADE verwendete PCM-PSK-Technik die
analoge Winkelmodulation (oft verbunden mit Silbenkompandierung) und die Deltamodula-
tion mit nachfolgender PSK. Bei digitaler Übertragung lassen sich Fehlerkorrekturver-
fahren einsetzen.

5.   Vielfachzugriff im Zeitmultiplex

5.1.   Das Prinzip

Beim Vielfachzugriff im Zeitmultiplex senden die teilnehmenden Erdefunkstellen auf

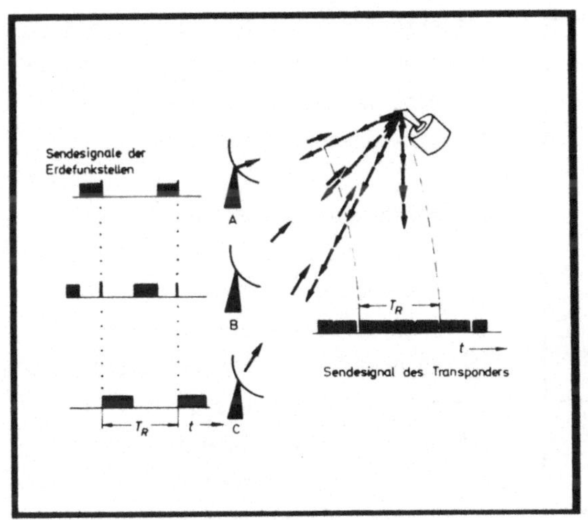

Bild 8: Prinzip des Vielfachzugriffs im
        Zeitmultiplex.

der gleichen Trägerfrequenz periodisch Impulsbündel (Bursts) aus. Die Sendezeitpunkte der von den verschiedenen Erdefunkstellen abgestrahlten Impulsbündel sind so gegeneinander verschoben, daß sich die Impulsbündel am Eingang des Satellitentransponders möglichst lückenlos aneinanderreihen, ohne sich gegenseitig zu überlappen (Bild 8). Wird dies eingehalten, so liegt zu jedem Zeitpunkt immer nur das Signal einer einzigen Erdefunkstelle am Satelliten an. Damit läßt sich die Satellitenendstufe bis zur Sättigungsleistung betreiben und störende Intermodulationsprodukte treten nicht auf. Alle zugreifenden Erdefunkstellen nutzen dabei die volle Transponderbandbreite aus. Die impulsweise Übertragung macht eine Abtastung der zu übertragenden Signale erforderlich, es liegt nahe, PCM zu verwenden. Zur Modulation des bei der Codierung entstehenden Bitstroms wird aus Leistungsgründen Vierphasenmodulation verwendet.

Da selbst ein moderner Synchronsatellit an seinem "Standort" relativ zur Erde nicht völlig still steht, ergeben sich Laufzeitveränderungen, die eine Regelung des Sendezeitpunkts für die Impulsbündel notwendig machen ("Burstphasenregelung"). Eine der Erdefunkstellen wird als Referenzstation, d.h. als Bezugspunkt für die Regelung bestimmt. Weil Laufzeitänderungen und Frequenzversatz jedes Impulsbündel und seine Trägerfrequenz verschieden beeinflussen, muß sich der Empfänger auf jedes eintreffende Impulsbündel neu einsynchronisieren.

5.2. Der Rahmenaufbau und die Systemeigenschaften

Der Pulsrahmen, dessen Zeitdauer T_R gleich der Periode der Impulsbündelaussendung der Referenzstation ist, gliedert sich entsprechend der Anzahl der zugreifenden Erdefunkstellen im allgemeinen in unterschiedlich lange Impulsbündel (Bild 9). Das der jeweiligen Erdefunkstelle zugeordnete Impulsbündel besteht aus einer Präambel und den pulscodemodulierten Sprachsignalen. Die Präambel enthält für den Betriebsablauf notwendige Hilfsinformationen, beispielsweise bestimmte Muster für die Träger-, Bittakt- und Impulsbündelsynchronisation, die Absenderadresse sowie betriebsinterne Datenkanäle. Für einen reibungslosen Ablauf ist es erforderlich, daß innerhalb des Pulsrahmens eine beliebige Station als Referenzstation gekennzeichnet und somit als solche erkannt wird. Die Zeit für die in den Präambeln zusammengefaßten Hilfsinformationen soll, zuzüglich

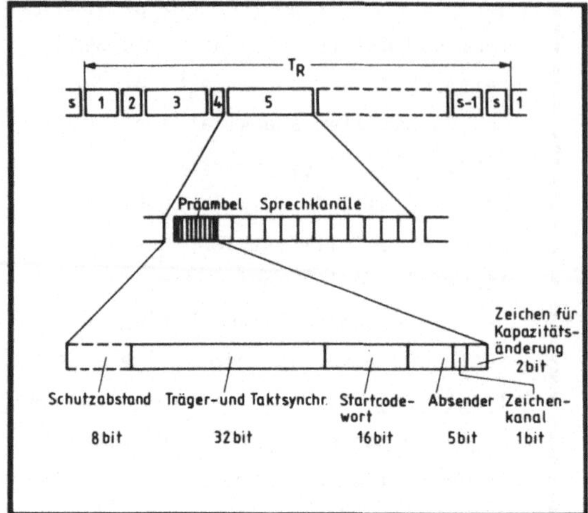

Bild 9: Prinzipieller Aufbau des Pulsrahmens
für ein Vielfachzugriffsystem im
Zeitmultiplex.

des erforderlichen Schutzabstandes zwischen aufeinanderfolgenden Impulsbündeln, im Interesse eines guten Systemwirkungsgrades möglichst gering sein.

Der geringste Aufwand für ein TDMA-System ergibt sich, wenn die Periode der Aussendung von Impulsbündeln einer Erdefunkstelle der Abtastperiode des zu übertragenden Signals entspricht - für Sprachsignale z. B. 125 μs. Die ersten internationalen Versuchssysteme wiesen diese Rahmendauer auf. Inzwischen hat sich weitgehend die Erkenntnis durchgesetzt, daß eine Vereinfachung der TDMA-Systeme eine Verlängerung der Präambel gegenüber dem Beispiel in Bild 9 bedingt. Im Interesse eines guten Wirkungsgrades für die Ausnutzbarkeit des Rahmens muß dieser länger werden, vorzugsweise ein Vielfaches von 125 μsec. Übliche Rahmendauern von universellen TDMA-Systemen liegen derzeit im msec-Bereich, für Spezial-TDMA-Systeme zur Datenübertragung im 100 msec-Bereich /4/.

5.3. Das Prinzipschaltbild einer TDMA-Erdefunkstelle

Die wesentlichen Funktionen eines TDMA-Systems in einer Erdefunkstelle sind:

- Herstellung der Verbindung zum terrestrischen Netz, ggfs. einschließlich Codierung und Multiplexbildung der zu übertragenden Signale,
- Modulation und Demodulation der digitalen Basisbandsignale mittels QPSK,
- Regelung, Steuerung und Überwachung des TDMA-Systems einschließlich Synchronisation, Erstzugriff, automatische Geräteersatzschaltung und Fehlerlokalisierung.

Das Blockschaltbild der Endstelle des ersten deutschen Versuchssystems TDMA-S1 ist in Bild 10 stark vereinfacht

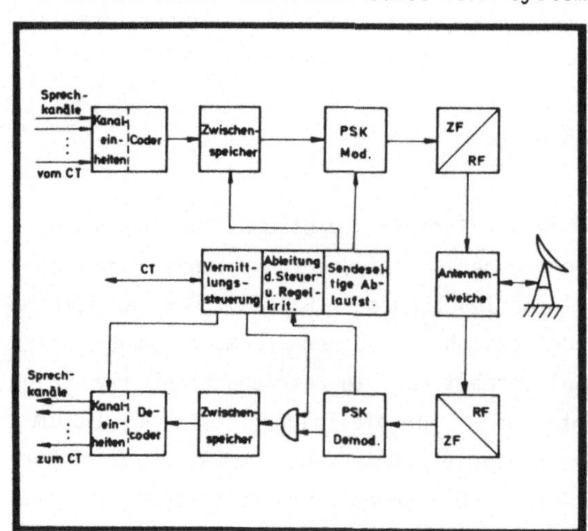

Bild 10: Blockschaltbild einer TDMA-Endstelle.

dargestellt. Die verwendete PCM-Einrichtung (Kanaleinheiten, Coder/Decoder) sind Multiplexgeräte des Systems PCM 30. Codierer und Decodierer arbeiten kontinuierlich; die Anpassung an den Burstbetrieb auf der Strecke wird durch Zwischenspeicher hergestellt. Die Burstphasenregelung ist ein Teil der Ablaufsteuerung; sie veranlaßt, daß der sendeseitige Zwischenspeicher im richtigen Augenblick mit der Systembitrate, d.h. im Beispiel mit 50 Mbt/s ausgelesen und ausgesendet wird. Das System erlaubt den Betrieb mit richtungsvariablen Kanälen. Auf Grund der über die Zeichenkanäle in den Präambeln ausgetauschten Informationen nimmt der empfangsseitige Zwischenspeicher nur die Partnerkanäle eigener Sendekanäle auf. Er hat also die gleiche Größe wie der sendeseitige Speicher. Die notwendige Vermittlung zur Vierdrahtbildung wird in einfacher Weise durch geeignetes azyklisches Ansteuern der Kanalverteilerschalter erreicht. Die Rahmenaufteilung kann während des Betriebs mit Hilfe einer speziellen Zeichengabe laufend geändert werden, variable Kapazität je Erdefunkstelle wird dadurch erreicht.

6. TDMA-Systeme für Mehrtransponderbetrieb

Moderne Satellitensysteme verwenden Satelliten mit einer großen Anzahl von Transpondern sowie mehreren z.T. scharf bündelnden Richtantennen. Beim Einsatz von TDMA-Systemen über solche Satelliten möchte man zum einen die zentrale Ablaufsteuerung des TDMA-Systems in der Erdefunkstelle möglichst für alle Transponder gleichzeitg verwenden können, zum anderen muß beim Betrieb des TDMA-Systems über scharf bündelnde Richtstrahlantennen einwandfreies Arbeiten auch dann sichergestellt sein, wenn die aussendende Erdefunkstelle ihr eigenes Impulsbündel nicht mehr selbst empfangen kann. Besitzt der Satellit eine erdausleuchtende Empfangsantenne, und unterstellt man eine gemeinsame Rahmensynchronisierung für die verschiedenen Transponder, so läßt sich der Multitransponderbetrieb wie in Bild 11 gezeigt, lösen: Die Erdefunkstellen 1 bis n senden innerhalb des für alle vorgegebenen Rahmens Impulsbündel bei verschiedenen Radiofrequenzen entsprechend dem gewünschten Satellitentransponder und damit entsprechend dem gewünschten Ausleuchtegebiet aus. Dabei müssen die einzelnen Impulsbündel der verschiedenen Erdefunkstellen für ein bestimmtes Zielgebiet so im Rahmen angeordnet werden, daß es empfangsseitig zu keinen Überlappungen

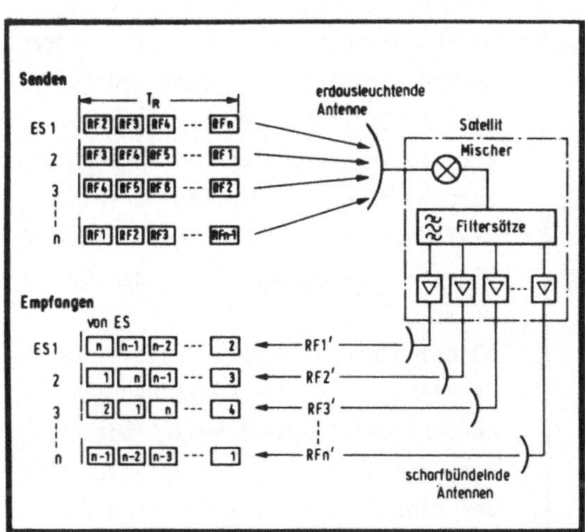

Bild 11: Prinzip des Multitransponderbetriebs mit sendeseitigem Umschalten der Frequenzen.

kommt. Bei geeigneter Rahmengestaltung und extrem schnell umschaltbarer sendeseitiger Frequenzaufbereitung läßt sich dabei die Senderkette im Zeitmultiplex ausnutzen.

7. System mit Vermittlungseinrichtungen im Satelliten

Bei Mehrtransponderbetrieb mit scharf bündelnden Antennen ergibt sich bei TDMA als günstigste Systemkonfiguration hinsichtlich Aufwand und Frequenzbandausnutzung die Verwendung einer Schaltmatrix im Satelliten. Eine solche Schaltmatrix erlaubt, jeden Satellitenempfänger mit jedem Satellitensender zu verbinden. Sie kann im Prinzip in der RF-, in der ZF- und in der Basisbandebene eingesetzt werden. Alle Transponder und damit auch alle Erdefunkstellen sind dabei durch geeignete Maßnahmen auf den Rahmentakt der Schaltmatrix synchronisiert. Es ist dabei denkbar, dem Satelliten selbst die Funktion der Referenzstation zu übertragen.

Bild 12 zeigt die prinzipielle Funktion des Verfahrens. Dabei ist die Durchschaltung (Schaltmatrix) in der ZF-Ebene unterstellt. Jede Erdefunkstelle sendet hier die Impulsbündel für die verschiedenen empfangenen Erdefunkstellen mit ein und derselben RF-Trägerfrequenz aus. Im Interesse einer optimalen Ausnutzung des Systems sollten die einzelnen Impulsbündel gleiche Länge aufweisen. Da der Satellit in den einzelnen Transpondern Impulsbündel verschiedener Herkunft abstrahlt, ist in jedem Bündel eine Präambel entsprechend der konventionellen TDMA-Systeme erforderlich.

Die Steuerung der Vermittlungseinrichtung, also Steuerung der Raum- und Zeitvielfachaufteilung kann bei solchen Systemen über eine Telekommandoverbindung von der Erde aus verändert

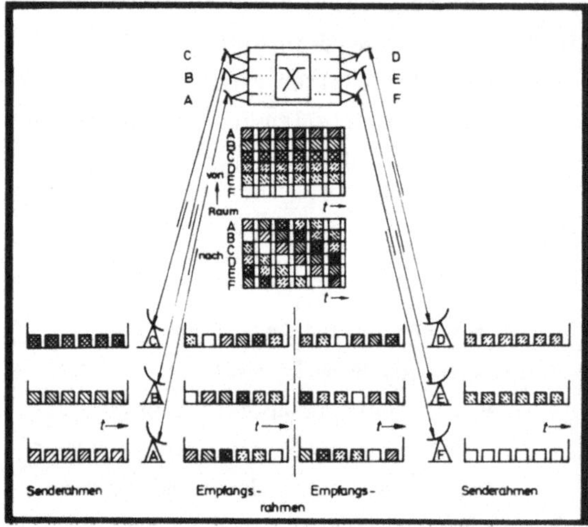

Bild 12: Vielfachzugriff im Zeitmultiplex mit Vermittlung im Satelliten.

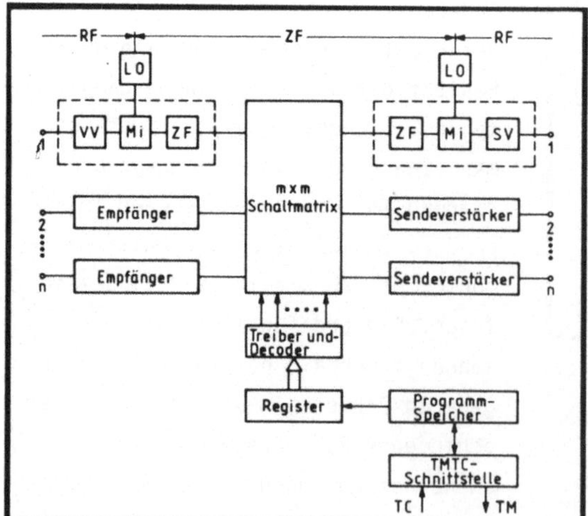

Bild 13: Prinzipschaltbild für TDMA-SS-SDMA-Transponder

werden. Bild 13 zeigt ein Prinzipschaltbild für einen Transponder mit Vermittlungseinrichtung. Kernstück ist die eigentliche Schaltmatrix, die es erlaubt, m-Eingänge mit
m-Ausgängen in beliebiger Verknüpfung zu verbinden. Für ZF- und RF-Durchschaltungen
besteht die Schaltmatrix im Prinzip aus einem Kreuzschienenverteiler, in dessen Kreuz-
punkten PIN-Dioden eingesetzt sind. Je nach Vorspannung der Diode ist diese durchge-
schaltet oder gesperrt. Aus Verfügbarkeitsgründen müssen solche Schaltmatrixen in geeigneter Weise redundant ausgeführt werden. Ein Register steuert entsprechend dem
festgelegten Programm zyklisch die einzelnen Schalter. Im Programmspeicher ist das erforderliche Steuerprogramm abgespeichert. Derartige Vermittlungseinrichtungen werden
bzw. wurden bereits entwickelt. INTELSAT hat vor kruzem Arbeiten für eine 8x8 Schaltmatrix bei 4 GHz vergeben.

8. TDMA-Systeme mit Vermittlungseinrichtungen und Abtastrichtstrahl

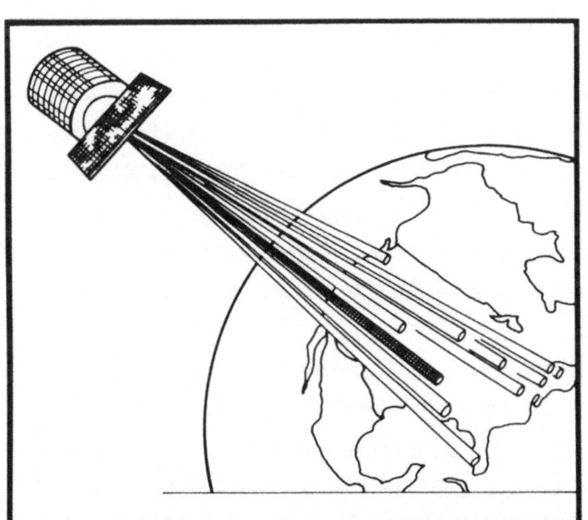

Bild 14: TDMA-System mit Strahlabtastung.

Eine maximale Ausnutzung der Übertragungskapazität eines Fernmeldesatelliten in einem vorgegebenen Frequenzband
macht eine möglichst häufige Ausnutzung des gleichen Frequenzbandes und
damit eine möglichst große Zahl von
scharf bündelnden Richtstrahlen, die
von Satelliten ausgehen, erforderlich.
Reudink /5/ hat 1978 für die USA ein
Nachrichtensatellitensystem vorgeschlagen, das im 11/14 GHz-Band und
mit TDMA arbeitet. Für die Verbindung
von und zu größeren Verkehrszentren
verwendet dieses je 10 feste Sende-
und Empfangsrichtstrahlen, die jeweils
das gleiche Frequenzband benutzen. In
jedem der von einem Richtstrahl ausgeleuchteten Gebiete können sich jeweils bis zu 100
Erdefunkstellen befinden. Darüberhinaus ist vorgesehen, nochmals rund 100 über das gesamte Gebiet der USA verteilte Erdefunkstellen mit kleinem Verkehrsaufkommen über je
einen sende- und empfangsseitigen Abtastrichtstrahl (vgl. Bild 14) mit dem Satelliten
zu verbinden. Innerhalb eines TDMA-Rahmens werden dabei sämtliche Erdefunkstellen ab-
getastet. Die Abtastrichtstrahlen sind gegenüber den festen Richtstrahlen orthogonal
polarisiert. Zur Strahlformung wird im Satelliten eine "Phased Array"-Antenne mit je
rund 100 Strahlerelementen für Senden und Empfangen verwendet (Abmessungen 3,7 m x
3,7 m). Die einzelnen Strahlerelemente werden über sehr schnell umschaltbare Phasen-
schieber gesteuert. Die Richtstrahlen der Antennen können jeden Punkt im Ausleuchtegebiet von 3^0 x 6^0 (USA) erreichen. Das TDMA-System arbeitet mit 600 Mbt/s und erlaubt

damit je Transponder die Übertragung von rund 8000 Sprechkanälen. Zur Verbindung der
Transponder untereinander ist eine ZF-Schaltmatrix vorgesehen. Als Modulationsverfahren wird QPSK vorgeschlagen.

Ein solches Satellitensystem macht im Satelliten erhebliche zusätzliche Aufwendungen
erforderlich. Die Strahlverweildauer auf einer Erdefunkstelle ist abhängig vom Verkehrsaufkommen und liegt in der Größenordnung 1 bis 2 μs.

Das vorstehend aufgezeigte Konzept bedingt gegenüber den heute üblichen Satelliten
eine wesentliche Erhöhung von Halbleiterbauelementen. Ehe ein solches Konzept realisiert werden dürfte, sind noch erhebliche Forschungs- und Entwicklungsarbeiten auf
den verschiedensten Gebieten erforderlich.

9. Einsatz von Fernmeldesatellitensystemen mit Vielfachzugriff

Im überkontinentalen Intelsatnetz sowie in zahlreichen regionalen Satellitensystemen
mit mittlerem und hohem Verkehrsaufkommen dominiert heute noch Vielfachzugriff im Frequenzmultiplex mit Mehrkanalträgern.

Für Satellitensysteme mit zahlreichen schwachen Verkehrsbeziehungen (thin route-Netze).
z.B. Nordkanada, Alaska, Indonesien, gibt es heute zahlreiche Systeme mit Vielfachzugriff im Frequenzmultiplex mit Einzelkanalträgern und bedarfsweisem Zugriff. Diese Systeme arbeiten meist mit kleinen Erdefunkstellen (3 bis 5 m Antennenspiegel) sowie
teilweise mit Halbleitersenderendstufen /6/. Sie haben einen großen Beitrag zur fernmeldetechnischen Erschließung abgelegener weitläufiger und meist unterentwickelter
Gebiete geliefert.

Nach rund 10-jähriger Entwicklungszeit werden nunmehr auch in größerem Umfang TDMA-
Systeme eingeführt. ESA hat für das europäische Fernmeldesatellitensystem ECS, das
1983 in Betrieb gehen soll, TDMA als Vielfachzugriffsverfahren festgelegt /7/. INTEL-
SAT wird für INTELSAT V erstmals TDMA-Betriebssysteme einführen. Seit 1976 hat TELE-
SAT Canada über Anik-Satelliten ein mit zwei Erdefunkstellen arbeitendes TDMA-System
in Betrieb. Für zukünftige Satelliten ist die Übertragung von 90 Mbt/s-Datenströme
als Mehrwegeführung zum digitalen Richtfunkweitverkehrsnetz vorgesehen /8/. Japan
wird im Rahmen seines regionalen Fernmeldesatellitensystems verschiedene bitsynchrone
TDMA-Systeme einsetzen. Das System TDMA-100M soll dabei für Verbindungen zwischen den
Hauptinseln und den abgelegenen Inseln verwendet werden; das System TDMA-60M soll im
japanischen Weitverkerhsnetz zur Mehrwegeführung beitragen /9/. Das erste TDMA-System
mit Schaltmatrix wird von der Western Union Anfang der 80er Jahre als Regionalsystem
in USA eingeführt /10/.

Die französische Regierung hat Anfang 1979 beschlossen, ein französisches Fernmeldesatellitensystem "TELECOM 1" zu errichten. Es soll 1983 betriebsfähig sein. Dieses
System wird verschiedene Anwendungsfälle haben. Zum einen sollen Breitbandverbindungs-
wege zu den überseeischen Departements hergestellt werden, dazu werden 3 Transponder
im 6/4 GHz-Band verwendet /11/.

Zum anderen sollen breitbandige Datenverbindungen von einigen kbt/s bis zu einigen Mbt/s innerhalb Frankreichs und Korsikas sowie inzwischen auch in Deutschland angeboten werden. Dazu werden 6 Transponder im 14/12 GHz-Band verwendet.

Je Transponder ist eine Kapazität von 25 Mbt/s vorgesehen. Der Zugriff zum Satelliten soll bedarfsabhängig mittels TDMA erfolgen. Es sind Erdefunkstellen mit etwa 3 m Spiegeldurchmesser vorgesehen. Eine zentrale Referenzstation steuert die gesamten Betriebsabläufe im System.

Es darf erwartet werden, daß auf Grund der Entwicklung der digitalen Halbleitertechnologie TDMA-Systeme in Zukunft auch in die Domäne "Thin Route SCPC-Systeme" eindringen werden.

10. Schrifttum

1. Herter, E., Rupp, H.: Nachrichtenübertragung über Satelliten.
    Springerverlag Berlin, Heidelberg, New York, 1979.

2. Werth, A.M.: SPADE, A PCM-FDMA demand assignment system for satellite
    communications. IEE conf. Publ. 59 (1969) S. 51-68.

3. Puente, J.G., Werth, A.M.: Demand-assigned Service for the INTELSAT global
    network. IEEE Spectrum, Jan. 1971. p. 59.

4. Rupp, H.: Digitale Vielfachzugriffsverfahren in der Satellitentechnik in:
    Digitale Verfahren der Nachrichtentechnik. Professoren-Konferenz 1979 im
    Fernmeldetechnischen Zentralamt - FTZ, S. 129-160.

5. Reudink, D.O., Yeh, Y.S.: A Scanning spot beam satellite system.
    B.S.T.J. 56 (1977) p. 1549-1560.

6. Moons, M., Tack, T.: Ein Vielfachzugriffssystem mit bedarfsweiser Zuteilung
    für "Thin-Route"-Netze. ENW Bd. 55 (1980) S. 70-75.

7. Lundquist, L.: TDMA the answer to European Satcom? MNS March 78. p. 79-86.

8. Lester, R.M.: The role of the satellite System in the Canadian Digital Network.
    Proc. Telecom 79, Vol. II, p. 1.5.8.1. - 1.5.8.7.

9. Miyauchi, K., Fuketa, H., Watanabe, G.: Digital Techniques for domestic satel-
    lite Communication Systems of NTT.
    Proc. 7th AIAA Com. Sat. Syst. Conf. 1978, p. 488-496.

10. Ramasastry, J. et al.: Western Union´s Satellite Switched TDMA Advanced Westar
    System. Proc. 7th AIAA Com. Sat. Syst. Conf. 1978, p. 497-506.

11. N.N.: Technical change and innovation. A survey of current and future techniques
    in France. - "Telecom 1": National communication satellite system. Telecom Journ.
    Vol. 46 (1979) S. 388-389.

Multiple Access to Communication Satellites

H. Rupp
Pforzheim, Germany

By using communication satellites a great number of traffic centres on the earth can
be linked at same time. This kind of operation is called Multiple Access. Different
procedures are conceivable and partly already implemented. If in the satellite high-
gain antennas are used, which illuminate only small limited areas of the earth surface, a Space Division Multiple Access (SDMA) can be put into action from these areas;
by this, same frequency bands can be utilized more than once. On the other hand, the
frequency band of a satellite transponder can be subdivided and allocated to different
earth stations. This is called Frequency Division Multiple Access (FDMA). Two important variants have substantially influenced the structure of regional and international
telecommunication systems. With the first variant, a considerable number of speech
channels arranged in frequency multiplex are modulated on the radio frequency carrier
of the earth station. Hitherto this version is being used to a great extent in the
worldwide communication satellite system of the western world. Of special importance
for regional communication systems with less traffic volume is the second variation,
where only one speech-channel each is modulated on the radio frequency carrier of the
earth station. If appropriate control units are used, such links can be operated in a
demand assigned mode. The satellite transponder, however, can be utilized from different earth stations also in time multiplex. In this case a time slot will be allotted
to each earth station, this being called Time Division Multiple Access (TDMA).
In modern systems, a great number of transponders is provided in the satellite which
through high-gain antennas illuminate a multitude of regionally limited areas. In such
systems the Time Division Multiple Access allows over a switching matrix in the satellite to interconnect any earth station with any other one. By that, the satellite assumes the function of a switching centre.

In the communication satellite systems which have been set up during the last 15 years,
up to now multiple access in frequency multiplex is being used to a great extent.
Thereby the systems with single channel per carrier and demand assignment have contributed considerably to the upgrading of telecommunication services of remote vast and often also underdeveloped areas, f.e. North Canada, Alasca and Indonesia. Systems of that
kind, therefore, mostly work with cost-favourable small earth stations.

In the meantime, technic and technology of Time Division Multiple Access systems (TDMA) have been developed to that point that first systems are already in action, f.e. in Canada and Japan.

Considering their advantages, these systems will be introduced more and more into international and regional telecommunication satellite systems during the next years. A highly interesting aspect in this regard is the broadband communication between users in a region. Thus, by the French system TELECOM 1, which is planned for 1983, data links of some kbt/s to some Mbt/s can be offered within France and Germany. The small earth stations with an antenna diameter of 3,5 m which are necessary for that purpose shall be installed directly at the customer's premises.

Die Nutzung von Satelliten zur Kommunikation, Navigation und Erkundung

H. Häberle
Oberpfaffenhofen

Die Kommunikation, die Navigation und die Erkundung sind heute die drei
Gebiete, auf denen die Satellitentechnik schon operationell und teilweise auch kommerziell eingesetzt wird.

1. Kommunikation

Auf dem Gebiet der Satellitenkommunikation stehen wir heute nicht mehr
am Anfang, sondern mitten drin in einer weltweiten und intensiven Nut-
zungsphase. Das zeigt sehr deutlich Bild 1 , das die heute auf dem
geostationären Umlauf befindlichen Nachrichtensatelliten darstellt.
Bei der Einführung von Nachrichtensatelliten können wir im Prinzip drei
Phasen unterscheiden. Die erste Phase, die ich etwa für die Jahre 1960 -
1980 beziffern möchte, ist geprägt durch große Verkehrsaufkommen, große
Entfernungen und große Erdefunkstellen. Als Beispiele für diese Phase
sind zu nennen: Zum einen die Übertragung von Fernsehsignalen zwischen
Kontinenten, wobei der Satellit auch heute noch das einzige Übertragungs-
medium darstellt und zum andern das weltweite INTELSAT-System, das haupt-

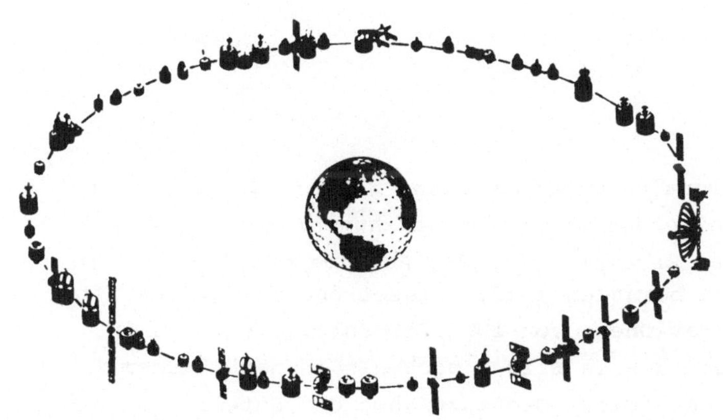

Geosynchroner Orbit 1980   Bild 1

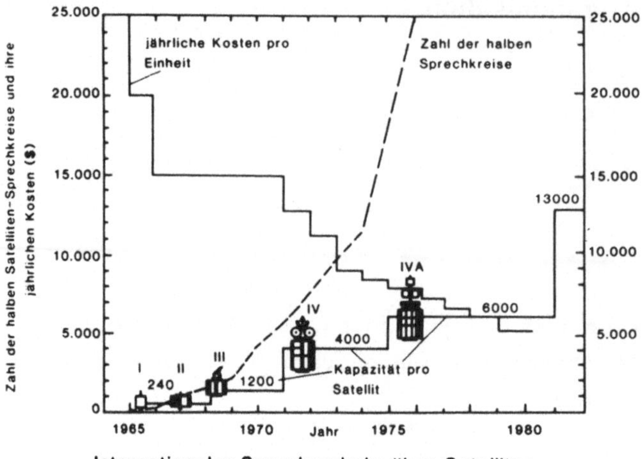

Internationaler Sprechverkehr über Satelliten   Bild 2

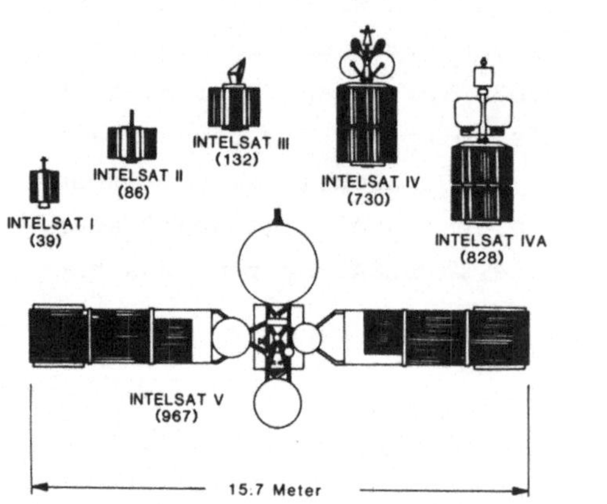

Bild 3

sächlich für den internationalen Telefonverkehr genutzt wird. In Bild 2
sehen Sie auf der einen Seite das Anwachsen der Anzahl der verfügbaren
INTELSAT-Kanäle und auf der anderen Seite die Abnahme der Preise, die
für diese INTELSAT-Kanäle zu bezahlen sind. Dieser enorme Fortschritt
wurde erzielt durch 5 Generationen von INTELSAT-Satelliten, die im
Bild 4 angezeichnet sind und die in Bild 3 nochmals in natürlichem
Größenvergleich gezeigt sind. Diese Größenzunahme der Satelliten, die
Verbesserung in der Satellitentechnologie und in der Satellitenleistung
leiten nun eine zweite Phase der Satellitenkommunikation ein und machen

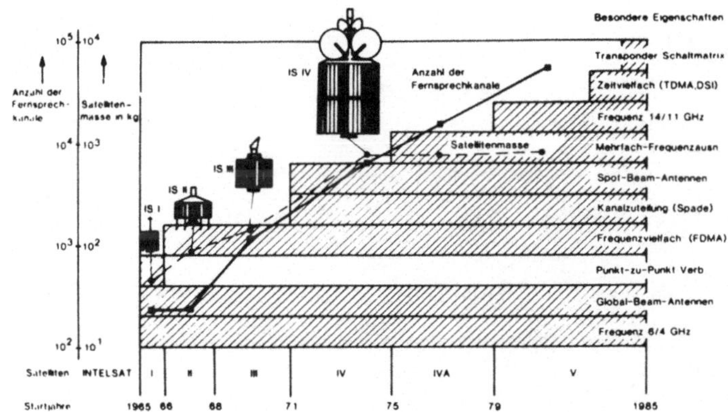

Bild 4

diese erst möglich. Diese zweite Phase, die ganz grob etwa in den Jahren 1980 - 2000 ablaufen wird, ist geprägt durch große Satelliten, kleine nutzernahe Erdefunkstellen und flexiblen, anpassungsfähigen Einsatz für ganz verschiedene Anforderungen. Diese zweite Phase der Satellitenkommunikation fällt zeitlich zusammen mit der weltweiten Hinwendung der Kommunikationstechnik zur Digitaltechnik, mit der Einführung neuer Dienste, wie z.B. Bürokommunikation, Teletex, Telefax, Videophon, auch Notruf, Mobilfunk, Rechnerverbund und Anschluß an Datenbanken. Diese zweite Phase fällt auch zusammen mit der von der KTK empfohlenen Durchführung von Feldversuchen für diese neuen Dienste. Und hier sehe ich den Hauptvorteil der Satellitentechnik nicht mehr in der Überbrückung weiter Entfernungen, wie in der ersten Phase, sondern in der hohen Flexibilität zur Anpassung an die Anforderungen neuer Dienste und neuer integrierter Netze. Hier können Feldversuche durchgeführt werden ohne starre und unflexible Kabelinstallationen. Die folgenden Bilder zeigen einige Beispiele für derartige Feldversuche. In Bild 5 ist ein Rechnerverbundversuch über den Satelliten Symphonie dargestellt, zwischen zwei Stationen in Amerika und zwei Sationen in Europa. Teilgenommen haben an diesem Versuch COMSAT, IBM, die französische Post, die deutsche Post und die DFVLR. In Bild 6 ist ein Versuch aufgezeichnet, der zur Zeit zwischen COMSAT und DFVLR geplant wird und an dem auch die Deutsche Bundespost beteiligt ist. Es wird versucht, integrierte digitale Dienste einschließlich der genauen Atomzeit über den Satelliten bereitzustellen. Bild 7 ist ebenfalls ein geplanter Feldversuch. Hier sehen Sie links das sog. DARPA Netz der Defence Advanced Research Projects Agency in USA. Es ist das erste packet-switching-Netz und ist schon seit einigen Jahren installiert. Sie sehen eine Verbindung dieses DARPA-Netzes mit verschiedenen Bodenstationen unter dem Begriff SATNET. In Europa nehmen an diesem Versuch

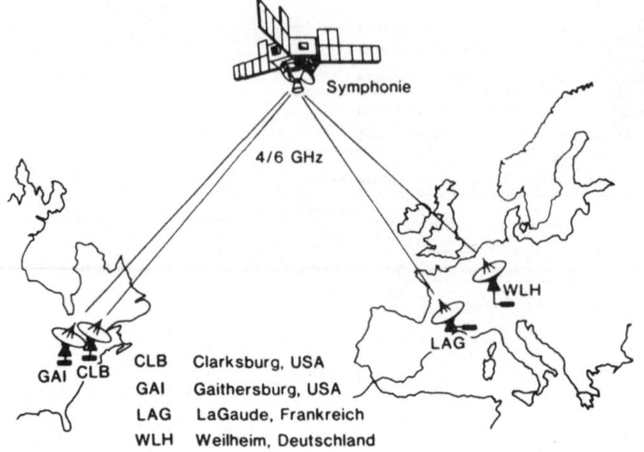

Rechnerverbundexperiment über den Satelliten SYMPHONIE Phase II

Bild 5

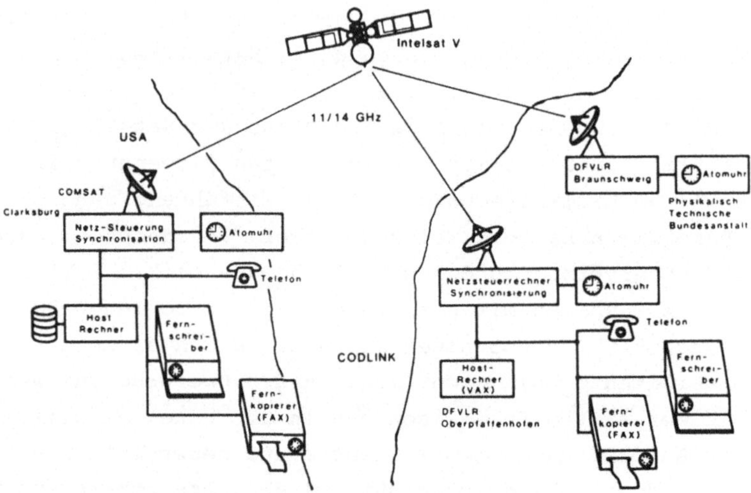

Breitbandkommunikationsexperiment Comsat–DFVLR
(CODLINK)

Bild 6

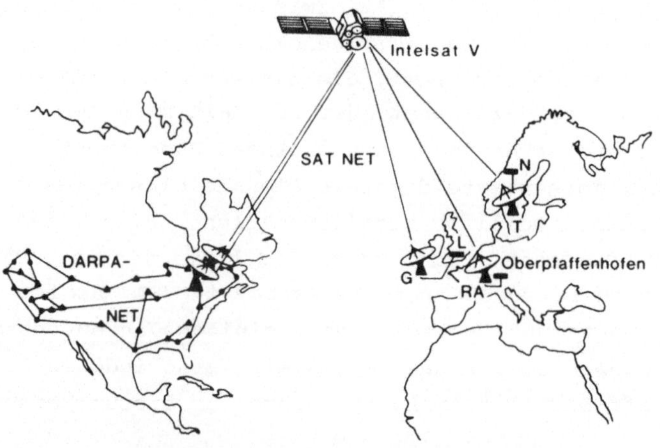

Paketvermittelnde digitale Netze, DARPANET–SATNET

Bild 7

Satellitengestütztes Rechnerkommunikations –
experiment der DFVLR (SARKE)   Bild 8

Norwegen, England und Deutschland teil. Bild 8 zeigt noch einen geplanten rein deutschen Versuch, einen Rechnerverbund-Versuch zwischen den
fünf Zentren der DFVLR. Alle diese Versuche haben den Zweck, das Satellitennetz auf seine Eignung zur Ergänzung, Erweiterung und Verbindung
terrestrischer Netze zu untersuchen. Ich sehe eine Entwicklung der
Satellitentechnik, der Satellitennetze nicht als Konkurrenz zu terrestrichen Netzen, sondern als Ergänzung. Und ich könnte mir vorstellen,
daß in Zukunft in dichtbesiedelten Gebieten Glasfasernetze entstehen
und daß diese Glasfasernetze verbunden werden durch Satellitennetze.
Satellitennetze können bei der Einführung von Glasfasernetzen überall
dort flächendeckend wirken, wo noch keine Glasfasernetze installiert
werden konnten. Für die fernere Zukunft sehe ich ein Zusammenwirken
der Satellitentechnik und der Glasfasernetztechnik, ähnlich wie es heute
zwischen Richtfunk und Kabeltechnik der Fall ist. In dieser zweiten
Phase der Satellitentechnik dürfen die Europäer nicht mehr wie in der
ersten Phase eine Mitläufer- oder Zaungastrolle spielen. Da es sich
hier nicht mehr um die Überbrückung weiter Entfernungen handelt, sondern
um die Ermöglichung neuer Dienste mit digitalen Breitbandnetzen, müssen
Satelliten bei der Planung und bei der Realisierung terrestrischer Netze
rechtzeitig einbezogen werden. Auch möchte ich hier im Münchner Kreis
und bei der KTK nochmals zu bedenken geben, daß es erwägenswert wäre,
gewisse Akzeptanz-Feldversuche für neue Dienste statt über Kabel über

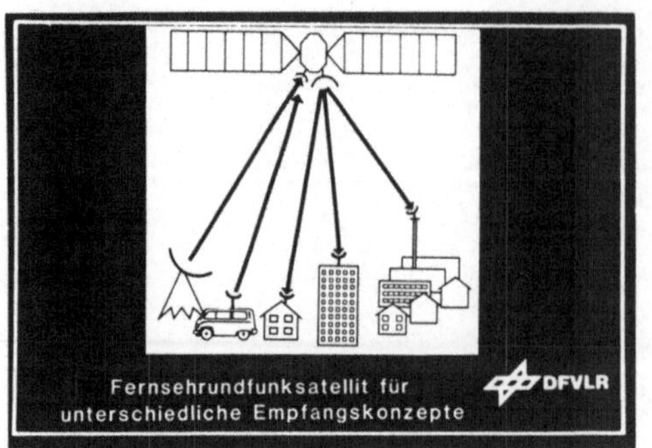

Bild 9

Bild 10

Satelliten abzuwickeln. Hier hat man dann wirklich die Möglichkeit,
wenn sich der Dienst als nicht attraktiv herausstellen sollte, die ganze
Sache wieder abzuschalten.

Nun soviel zu den neuen Diensten und neuen Netzen. Ein weiterer Satellit, den ich auch zu dieser zweiten Generation rechne, ist der Fernseh-
rundfunksatellit. Neben dem deutschen und französischen werden weitere
Fernsehrundfunksatelliten in Japan, Luxemburg, USA (COMSAT) und Nordeu-
ropa (NORDSAT) folgen. In Bild 9 sind unterschiedliche Sende- und
Empfangskonzepte für diesen Fernsehrundfunksatelliten aufgezeichnet.
Ich möchte hier nur einen Punkt hervorheben: Sie sehen ein Auto mit
einer Antenne. Dieses Auto sendet zum Satelliten. Wir nennen diese Art
der Übertragung den Reporter-Aufwärts-Kanal. Es ist also hier nicht
nur möglich, vom Studio aus Fernsehen in die Heimempfangsanlagen zu
bringen, sondern auch Life-Sendungen von beliebigen Standorten direkt
zu übertragen. Es ist auch denkbar, durch Kombination eines Datensatel-
liten mit dem Fernsehrundfunksatelliten Fernsehen mit Rückkanal zu ermöglichen. Im Prinzip ist das nichts anderes als die terrestrisch vorgeschlagene Kombination des Telefons mit dem Fernsehen z.B. für Videotext.

Auch hier gibt es ein weites Feld zukünftiger Überlegungen und Möglichkeiten.

Bild 10 zeigt ein anderes Entwicklungsgebiet der Kommunikation, und
das ist der Mobilfunk. Im Mobilfunk haben wir heute außer Kurzwelle
zu Schiffen und zu Flugzeugen über Ozeanen keine Verbindung. Auch im

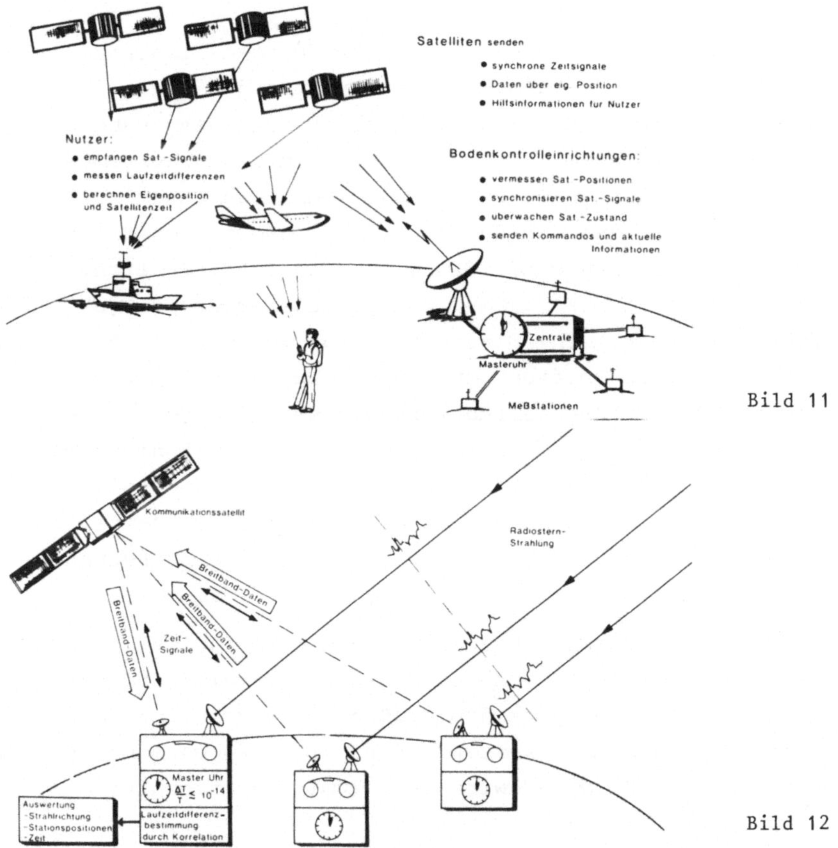

Bild 11

Bild 12

Nahbereich von Flughäfen existiert für ein Flugzeug nur ein sehr schlechter Sprechkanal, über den meistens per Sprache mit schlechtem Englisch Daten übertragen werden. Hier kann eine Verbesserung sicher nur schrittweise eingeführt werden. Die Beteiligung von Satelliten an dieser Art der Kommunikation, der Mobilkommunikation, rechne ich ebenfalls zu der zweiten Phase der Satellitenkommunikation. In Verbindung mit diesem Mobilfunk ist auch die Ortung und die Navigation zu sehen.

2. Navigation

In Bild 11 sehen Sie eine Möglichkeit, sich selber auf der Erde mithilfe von Satelliten zu orten. Man benötigt dazu vier Satelliten, die von einer großen Empfangsstation genau vermessen werden. Außerdem haben diese Satelliten Atomuhren an Bord. Sie senden ihre genaue Position in Verbindung mit der genauen Uhrzeit zur Erde. Aus diesen Daten kann ein beliebiger Teilnehmer auf der Erde mithilfe von geometrischen Zusammenhängen seinen eigenen Standort in Erdkoordinaten und Höhe bestimmen. Derartige Systeme gibt es heute schon und sie funktionieren mit einer Genauigkeit von etwa $\pm$ 3 Meter. Bild 12 zeigt eine noch genauere Ortsbestimmung und das ist die sogenannte Großbasis-Interferometrie. Das

Prinzip funktioniert so, daß man von einem weit entfernten Fixstern
Radiosignale empfängt und zwar an verschiedenen Punkten der Erde. Wenn
diese verschiedenen Punkte der Erde genaue Uhrzeit haben, dann kann man
die Laufzeitdifferenzen von diesem Fixstern zu den einzelnen Stationen
durch Korrelation der Empfangssignale bestimmen. Wenn man das mit mehreren Fixsternen macht, dann kann man den genauen Standort dieser Stationen bestimmen und das geht heute mit Genauigkeiten im cm-Bereich.
Wenn eine solche Basis vermessen ist, kann man auf dieser Grundlage
Satellitenstandorte genau bestimmen, Fixsterne genau vermessen und auch
Erdbeben vorhersagen, wenn das Driften der Kontinente vermessen wird.
Eine weitere Anwendung der genauen Zeitübertragung sehe ich darin, daß
man z.B. auch digitale Netze wie z.B. TDMA-Systeme in Zukunft nicht mehr
aktiv synchronisieren muß. Wenn in den teilnehmenden Erdefunkstellen
die genaue Zeit bekannt ist, und wenn der Satellitenstandort ebenfalls
bekannt ist, dann ist die Synchronisation nur noch eine kleine Rechen-
operation.

Nun zur 3. Phase der Kommunikation. Diese 3. Phase sehe ich für Jahre
nach 2000. Sie ist gekennzeichnet durch noch größere Satelliten. Es
gibt dann die Raumtransporter, es gibt die großen Strukturen und dann
wird z.B. die bi-direktonale Kommunikation mit Landfahrzeugen möglich
und auch das Armbandtelefon (Bild 13) wird dann zumindest technisch
möglich sein.

3. Erkundung

Das dritte Anwendungsgebiet der Satellitentechnik ist die Erkundung.
Der Mensch wird in Zukunft immer mehr gezwungen, die Erde sinnvoll, das
heißt wirtschaftlich vertretbar und ökologisch verantwortbar zu nutzen.
Um das gewährleisten zu können, brauchen wir Informationen, wir brauchen
umfassende Bilder unserer Umgebung und wir brauchen Informationen über
die Auswirkung der menschlichen Aktivitäten in dieser Umgebung; und zwar
brauchen wir diese Informationen kontinuierlich. Die Fernerkundung
durch Satelliten ist zwar nicht das einzige,aber ein sehr wichtiges Mittel, diese Aufgabe zu bewältigen. Lassen Sie mich die Wirkung der Fernerkundung an einigen Beispielen erklären, zunächst zur Erderkundung.
In Bild 14 sehen Sie eine Karte, Maßstab 1:200000, vom Raum Mannheim.
Diese Karte ist von LANDSAT-Daten gewonnen und ist mit vollautomatischer
digitaler Bildauswertung und -verarbeitung hergestellt. Die Farben bedeuten verschiedene Signaturklassen. Derartige Karten sind bei uns
durchschnittlich 10 Jahre alt und der Satellit bietet in Zukunft eine
sehr attraktive Möglichkeit, dieses Kartenmaterial immer wieder auf den
aktuellen Stand zu bringen. Sie können sich aber vorstellen, wenn Sie
bedenken, daß in diesem Maßstab nur ein sehr kleiner Teil der Erde über-

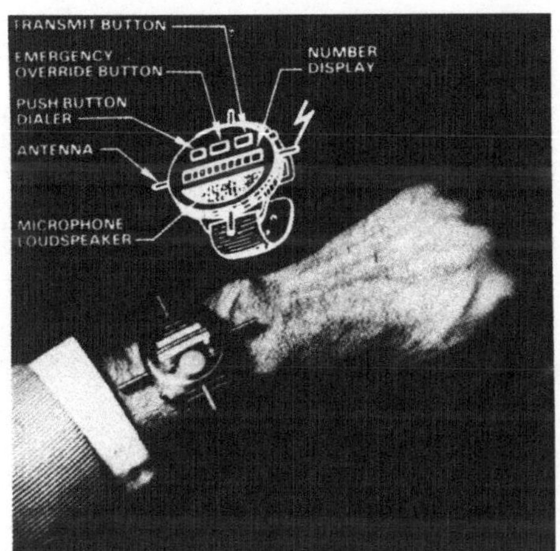

Bild 13

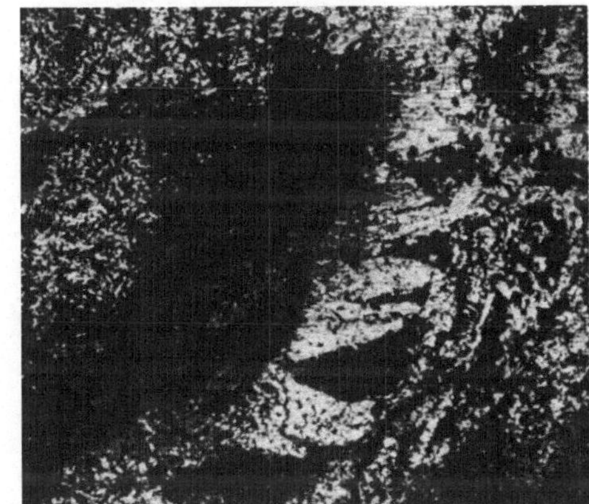

Bild 14

haupt vermessen ist, welche Bedeutung diese Technik für Entwicklungsländer haben wird. In Bild 15 ist eine Computer-Anwendung dieser Karte dargestellt. Es sind die Standtgrenzen von Kaiserslautern mit dem Computer
herausgenommen und die weißen Balken bezeichnen prozentuale Verteilung
der Signaturklassen. Eine weitere Anwendung ist die Thermalkarte.

Bild 16 zeigt alle besiedelten Gebiete derselben Karte und es sind die
Nachttemperaturen dieser besiedelten Gebiete in Farben gekennzeichnet.
Die weißen Balken geben wieder die prozentuale Temperaturverteilung.

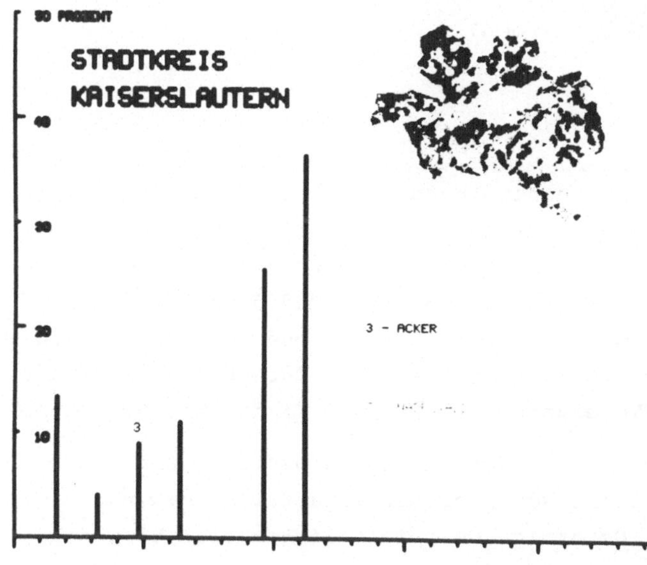

Bild 15

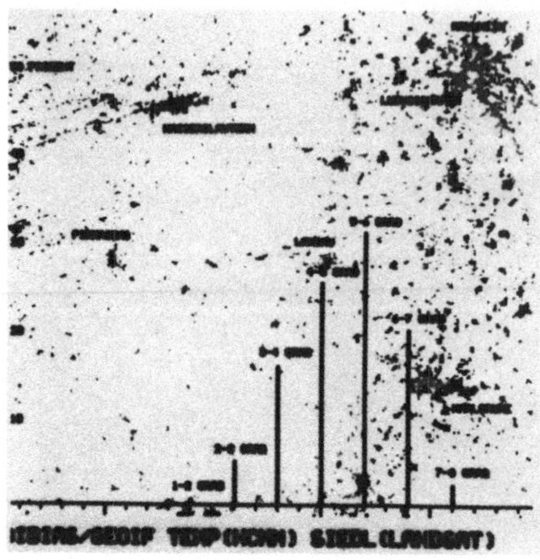

Bild 16

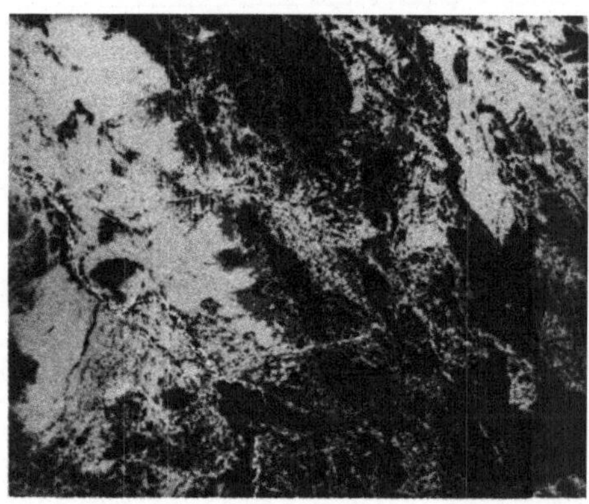

Bild 17

Bild 17 zeigt noch eine Aufnahme eines Landstrichs von West-Afghanistan.
Hier war das Problem, daß Nomaden mit ihren Herden diesen Landstrich als
Winterweide benutzen. Es soll der Einfluß der Nutzung auf die Ökologie
der Region untersucht werden. Hier bedeuten hell-und dunkelgrün verschiedene Buschbiotope, hell-und dunkelbraun Berg- und Hügelland, gelb
ist Sand, blau ist Wasser und rot ist kultiviert. Daraus läßt sich die
verfügbare Biomasse und die Toleranzgrenze für die Viehdichte berechnen.

Aus Zeitreihen solcher Bilder werden Veränderungen deutlich und aus
diesen Veränderungen können politisch oder wirtschaftlich notwendige
Schritte abgeleitet werden. Derartige Beispiele ließen sich beliebig

fortsetzen. Es gibt die Aufgaben der Überwachung der gefährlich
fortschreitenden Versalzung landwirtschaftlicher Nutzflächen in Ent-
wicklungsländern. Es ist notwendig, die thermischen und chemischen
Sedimentbelastungen von Gewässern und küstennahen Meeren zu überwachen.
Es ist notwendig, die letzten großen Waldgebiete der Erde zu überwachen. Erntevorhersagen müssen verbessert werden. Es ist notwendig
Naturkatastrophen wie z.B. Wirbelstürme, Überschwemmungen, Dürren,
Brände, Erdbeben zu erfassen und zu verfolgen. Ein weiteres wichtiges
Anwendungsgebiet der Erkundung ist, wie Sie alle aus dem Wetterbericht
des Fernsehens kennen, die Meteorologie. Hier gibt es Serien von
Satellitenbildern in 3 verschiedenen Frequenzbereichen. Die Bilder
18 bis 20 zeigen Meteosat-Aufnahmen im sichtbaren, Infrarot- und im
sogenannten Wasserdampfkanal. Diese 3 Bilder wurden alle halbe Stunde
aufgenommen. Wenn sie im Zeitraffer als Film ablaufen, können daraus
Wolkenbewegungen erkannt und Windvektoren abgeleitet werden.

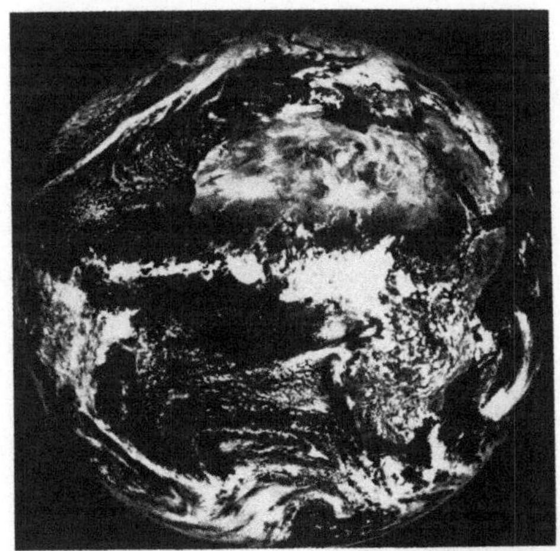

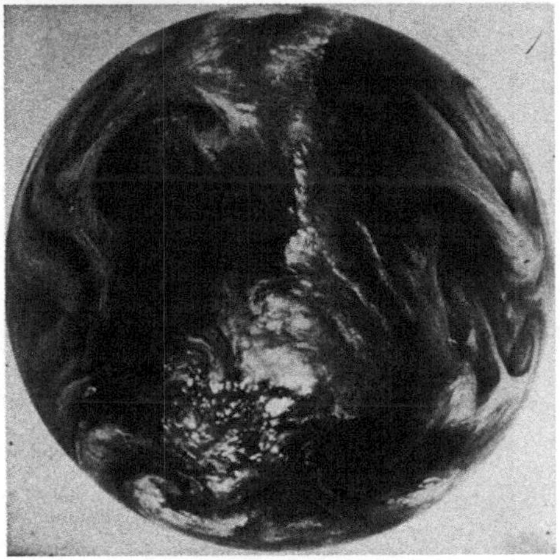

Damit bin ich am Ende meines Überblicks über die Anwendung der Satellitentechnik. Dieser Überblick ging ein wenig darüber hinaus, was
man normalerweise unter Kommunikation versteht. Es ist aber durchaus
denkbar, daß wir in Zukunft in digitalen, integrierten Netzen sowohl
Kommunikations-, als auch Ortungs- und Zeit-, als auch Erkundungsdaten
übertragen werden.

Utilization of Satellites for Communication, Navigation and Remote Sensing

H. Häberle
Oberpfaffenhofen, Germany

Communications, navigation and remote sensing are three areas in which satellite technology is already being applied today operationally on a commercial basis.

Communications

In the field of communications via satellite we are no longer in the early stages; we are already in the middle of an era of extensive world-wide utilization. One can categorize three general eras of satellite communications systems:

The first era had been characterized by the large traffic volumes accross huge distances employing gigantic earth stations. The prime example for this phase is the INTELSAT system of the 1960's and 1970's.

The second era from about 1980 until 2000 is characterized by the advent of worldwide digitalization in all areas of communications. For each new communications service there will be new service-oriented networks. One example of such a business communications network is the Satellite Business System (SBS) now in the implementation in the USA on a free market, competitive private enterprise basis. All of these networks are based on the fact that today larger and more powerfull satellites help make the earth terminals smaller and bring them closer to the user. In the future high speed digital data networks in densely populated areas will likely be implemented using fiber optics. Satellites, on the other hand, are the only carrier that can cover a large scarcely populated area and introduce a new service to it instantaneously. In the future, satellites and fiber optics will complement each other in the implementation of integrated services digital nets as do today radio relays and coaxial cables. One special spacecraft of this new generation is the Direct Broadcast Satellite. Additionally, the European ECS and the French TELECOM I belong in some sense already to this new generation. Also in this second phase, we will see more satellite communications to ships (INMARSAT), to aircraft, and partially to automobiles.

The third phase of satellite communications, post year 2000, will be characterized by large space structures and thus large antenna farms in space; with these mobile communications to automobiles via satellite will be practical and, technologically, the writswatch telephone via satellite will be realizable.

During the first phase of satellite communications, which served primarily the bridging of huge distances, Europe could still afford to run "among others". In the second phase considerably more is being demanded of the European nations than to just stand by and watch. Here it will becomed necessary to include space technology, from the outset, in the planning, establishing, expanding and supplementing of new

integrated services wideband data networks. As to the third phase of
satellite communications, we can only speculate today, so let us not
thrash it out too much.

Navigation

The seond application of satellite technology of paramount importance
in the near future is the precise global positioning and time determination. For example, if a user receives the time signals of several
satellites, together with their orbit positions, then he can calculate
his own position in longitude, latitude and altitude to within a few
meters' accuracy. Thus, satellite technology provides novel possibilities for position determination and navigation. Another technique,
referred to as Very-Long-Baseline-Interferometry (VLBI) allows position
determination to within a few centimeters' accuracy.

This technique can be used to measure continental drifts and deforma-
tion of the earth; in addition, it is a valuable aide for the astrono-
mer. Finally, the dissemination of accurate time creates new possibilities in the area of synchronization of complex digital communications
networks.

Remote Sensing

The third category of applications of satellite technology is remote
sensing. Man will in the future be forced to use the environment
judiciously, i.e., economically reasonable and ecologically responsible.
To assure this, we need information; we need a complete understandung of
our natural environment and the influence of man's activities in this
environment; and we need this information on a continuing basis. Remote
sensing by satellite, though not the only means, is an important means
to master this task. Today remote sensing by satellite is used for
meteorology, climatology, weather forecast, study of the interactions
between oceans, polar icecaps and the atmosphere. Foremost in remote
sensing of the earth is cartography, followed by observation of the
agriculturally usable land, harvest predictions, pollution of intra-
coastal and coastal waters, prediction and assessment of natural dis-
asters such as hurricanes, floods, fires and earthquakes and there is
actually a number of additional examples. Since these tasks are generally not confined to the borders of any one nation it is necessary to
coordinate remote sensing regionally and internationally. The main
problem in remote sensing is to have the necessary data available when
and where required. And that again depends on the availability of
worldwide communications networks with ready access to distributed data
bases.

And so we close the circle:
Very likely future integrated services digital networks will carry
communications data, navigations data, and remote sensing data.

Wirtschaftliche Aspekte bei Fernmeldesatelliten

R. Dingeldey
Darmstadt

1. Einleitung

Die Fernmeldesatelliten bilden seit etwa 15 Jahren einen Teil des internationalen Fernmeldenetzes, und sie finden neuerdings in steigendem Maße Einsatz auch in nationalen Fernmeldenetzen. In Ländern mit schwacher Infrastruktur können durch die Verwendung von Satelliten in kurzer Zeit die Grundlagen für ein leistungsfähiges Fernmeldenetz gelegt werden, und in Industrieländern ergänzen satellitengestützte Netze die terrestrischen Fernmeldenetze. In jedem Fall steigern sie die Leistungsfähigkeit der Fernmeldeinfrastruktur und fördern damit die Wirtschaftstätigkeit. Die Entwicklung hat dazu geführt, daß es heute bereits einen Markt für Fernmeldesatelliten gibt mit Nachfrage, Angebot, Preis und – nicht zuletzt – mit Wettbewerb, einen Markt mit den gleichen Elementen und den gleichen Gesetzen wie andere Märkte auch.

In dem folgenden Vortrag sollen Nachfrage, Angebot, Wettbewerb und Preise auf dem Markt der Fernmeldesatelliten betrachtet werden.

2. Nachfrage

2.1. Typische Eigenschaften von Fernmeldesatellitensystemen

Fernmeldesatellitensysteme haben einige typische Eigenschaften, die sie vor terrestrischen Fernmeldenetzen auszeichnen:

. Zur Herstellung von Fernmeldeverbindungen über einen Satelliten benötigt man außer dem Satelliten nur Fernmeldegerät an den Endpunkten der Verbindung.

. An vielen Stellen kann gleichzeitig und ohne Mehrkosten empfangen werden, was von einer Stelle gesendet wird.

. Die Übertragungskapazität kann schnell wechselnd verschiedenen Verkehrsbeziehungen zugeteilt werden, entweder nach Plan oder nach Bedarf.

. Neue Fernmeldesatellitensysteme können digitale Verbindungen von Endstelle zu Endstelle bieten, auch wenn das terrestrische Netz analog ist.

. Die Aufbauzeit für ein Fernmeldesatellitsystem beträgt nur etwa drei Jahre, wenn ein bereits entwickelter Satellitentyp und verfügbare Startraketen verwendet werden.

2.2. Nachfrage in Entwicklungsländern

2.2.1. Aufbau der Infrastruktur

Fernmeldesatellitenverbindungen können mit Vorteil eingesetzt werden, wo große Entfernungen und Geländeschwierigkeiten den Aufbau von Kabel- und Richtfunklinien überhaupt nicht oder nur zu sehr hohen Kosten zulassen. Diese Verhältnisse liegen in vielen Entwicklungsländern vor. Sie werden häufig noch durch Mangel an Stromversorgung und Straßen verschärft. Oft kann mit Hilfe der Satelliten überhaupt erstmals die Grundversorgung mit Fernmeldediensten wie Telefon und Fernsehen hergestellt werden. Ein Beispiel hierfür unter mehreren anderen ist Alaska, wo von 1976 bis 1979 mit Hilfe eines Satellitsystems der RCA etwa 100 vorher völlig isolierte Eskimodörfer einen Anschluß an das automatische Fernsprechnetz, ein Notruftelefon mit Verbindung zum nächsten Krankenhaus und eine Zuführung für Fernsehprogramme bekamen /1/.

In solchen Fällen ist die Nachfrage mehr das Ergebnis von Entwicklungsplänen und Finanzierungsmöglichkeiten als einer freien Marktentscheidung, aber der Bedarf ist nicht unbeträchtlich. Allein INTELSAT hatte am 31.7.1980 die Kapazität von 14,25 Transpondern für solche nationalen Anwendungen in Entwicklungsländern vermietet /2/. Mit sinkenden Kosten und erleichterten Finanzierungsmöglichkeiten, worauf noch eingegangen wird, wird die Nachfrage auch in den Entwicklungsländern über den Grundbedarf hinaus steigen.

2.2.2. Aufbau einer Rundfunkversorgung

Ähnliches gilt für den Aufbau einer Grundversorgung mit Ton- und Fernsehrundfunk in Entwicklungsländern. Gewissermaßen Pilotcharakter hatte das indische Projekt SITE (Satellite Instructional Television Experiment) mit Verwendung des Satelliten ATS 6. Es machte die Chancen und die Schwierigkeiten eines solchen Vorhabens deutlich, wobei die technischen Probleme anscheinend die am leichtesten zu beherrschenden sind.

2.2.3. Nachfrageprognosen

Für Verkehrsbeziehungen, die mit Hilfe der Satelliten erstmalig über ein Übertragungssystem hoher Qualität und Zuverlässigkeit verfügen, ist die Prognose der weiteren Nachfrage sehr schwer. Am Beispiel vieler internationaler Verkehrsbeziehungen ist zu erkennen, daß die Einführung der Satellitenverbindungen und des Selbstwählverkehrs ein Nachfragepotential zutage treten ließ, an das vorher nur Optimisten geglaubt hatten. Es ist wahrscheinlich, daß die Entwicklungsländer auf ihren nationalen Verkehrsbeziehungen die gleichen Erfahrungen machen werden.

2.3. Nachfrage in Industrieländern

2.3.1. Gründe für die Nachfrage

Nachfrage nach Fernmeldesatellitenverbindungen gibt es auch in Ländern, die seit langem über ein hochentwickeltes Fernmeldenetz verfügen. In erster Linie trifft das für die USA zu, aber auch in Europa und in Japan gibt es Anzeichen für die Entwicklung einer Nachfrage. Die Nachfrage in den USA hat außer der großen Ausdehnung des Landes im wesentlichen zwei Gründe:

. Fernmeldesatellitennetze sind für Zwecke besonders der großen Anwender aufgrund ihrer bereits genannten typischen Eigenschaften in mancherlei Hinsicht besser geeignet als terrestrische Netze.

. Mit Hilfe von Fernmeldesatelliten können in kurzer Zeit kostensparende Spezialnetze unabhängig von den etablierten Fernmeldebetriebsgesellschaften und deren Tarifen errichtet werden, und diese Netze können für mehrere Signalarten – Sprache, Daten, Text, Faksimile, langsam bewegte Bilder – benutzt werden.

In Europa treffen diese Gründe nur zum Teil zu. Die Entfernungen zwischen den Verkehrsschwerpunkten sind so gering, daß sich die Entfernungsunabhängigkeit der Kosten eines Satellitensystems kaum auswirken kann. Obendrein fallen auch bei modernen terrestrischen Übertragungsmitteln die entfernungsabhängigen Kosten immer weniger ins Gewicht. In den Kabel- und Richtfunklinien ist genügend Übertragungskapazität vorhanden oder kann leicht nachgerüstet werden. Und was die Vorteile der durchgehend digitalen Übertragung angeht, muß man darauf hinweisen, daß in Europa leitungs- und paketvermittelte digitale Netze entstehen werden für Übertragungsgeschwindigkeiten bis 64 kbit/s, mit deren Hilfe fast alle Wünsche der Datenübertragung und Datenfernverarbeitung auf absehbare Zeit befriedigt werden können.

2.3.2. Europa

Eine Nachfrage nach Übertragungskapazität in Fernmeldesatelliten wird in Europa also wohl nur von relativ wenigen großen Anwendern ausgehen,

die die besonderen Eigenschaften der Satelliten ausnutzen können oder
Bedarf für sehr hohe Bitraten haben.
Es gibt hierzu eine sehr interessante britische Studie, nach der es in
Europa gegenwärtig nur etwa ein halbes Dutzend sehr großer und einige
große Fernmeldekunden gibt, die als Nachfrager nach typischen Satelli-
ten-Fernmeldediensten infrage kommen /3/. Ihr gesamter Bedarf würde
einen Transponder in einem europäischen Fernmeldesatelliten nur knapp
beanspruchen, nämlich mit etwa 24 Mbit/s. Bei dieser Studie wurden
europäische durchschnittliche Gebühren und aus den USA bekannte Sa-
telliten-Tarife für gleiche Dienste gegenübergestellt, es wurden die
Kosten für Erdefunkstellen einbezogen und dann überlegt, welchen Ko-
stenvorteil die Anwender unter solchen Bedingungen von einem satellitengestützten, nichtöffentlichen Fernmeldenetz hätten.
Eine französische Studie über den Anteil des nationalen französischen
Fernmeldeverkehrs, für den der vorgesehene Satellit TELECOM 1 eingesetzt werden könnte, geht davon aus, daß die 300 größten französischen
Unternehmen an Fernmeldediensten interessiert sind, wie sie mit Hilfe
von TELECOM 1 angeboten werden sollen /4/. Die Studie nimmt an, daß
insgesamt etwa 900 Standorte in Frankreich über 250 Erdefunkstellen
an das Fernmeldesystem des TELECOM 1 angeschlossen werden. Aus einer
Zusammenzählung der geschätzten Verkehrsanteile für schnelle Datenübertragung, schnelles Fernkopieren, unternehmensinternen Fernsprech-
verkehr, Videotex, Audio- und Videokonferenzen und einige weitere
Spezialdienste schließt man auf einen Bedarf in Höhe von etwa 120 Mbit/s
um das Jahr 1985.

Bei der Bewertung des auf den ersten Blick erstaunlichen Unterschieds
zwischen den Ergebnissen der britischen und der französischen Studie
muß man zunächst sicher einräumen, daß die guten Ideen, wie man aus
den Eigenschaften einer neuen Technik Nutzen ziehen kann, erst aus
der Benutzung dieser Technik entstehen. James Martin nennt in seinem
Buch "Future Developments in Telecommunications" einige aufschlußrei-
che Beispiele für die Richtigkeit dieser Behauptung /5/. Insofern ist
damit zu rechnen, daß in der zweiten Hälfte dieses Jahrzehnts neue,
bisher nicht vorhergesehene Nutzungen die Nachfrage nach Satellitenübertragungskapazität stark beleben werden. Letzteres haben die Franzosen gegenüber den Engländern offenbar stärker berücksichtigt.

2.3.3. USA

Es wurde bereits erwähnt, daß für die Nachfrage nach Satellitenübertragungskapazität in den USA u.a. der Wunsch ursächlich ist, durch
Benutzung einer neuen Übertragungstechnik von den etablierten Fern-

meldebetriebsgesellschaften, besonders denen des Bell-Systems, unabhängiger zu werden und dabei Kosten zu sparen. Unterstützt und realisierbar wird dieser Wunsch durch die amerikanische Gesetzgebung auf dem Fernmeldegebiet.

Außerdem werden in Amerika Satellitennetze besonders begünstigt durch die großen Entfernungen zwischen den Ballungsgebieten im Osten und Westen und durch Großkunden mit Filialen in vielen Städten. Hierin liegt bereits heute ein großes Verkehrspotential. Die genannten Faktoren schlagen aber noch einmal zu Buch bei den Rationalisierungserfolgen, die sich durch Rechnerverbund, Konferenzschaltungen und die anderen neuen Fernmeldedienste mit hoher Bitrate besonders in großen Firmen mit weit voneinander entfernten Filialen erzielen lassen.

Die erzielbaren Vorteile wirken sich grundsätzlich am stärksten aus, wenn die Endgeräte möglichst unmittelbar an Erdefunkstellen für Senden und Empfangen angeschlossen werden. Die terrestrischen Fernmeldenetze bleiben dann völlig aus dem Spiel, aber der Kostenanteil der Erdefunkstellen steigt im Verhältnis zu den Kosten für die Satelliten stark an. Auf dieses Problem wird später noch eingegangen.

Eine gewisse Förderung der Nachfrage nach Satellitenübertragungskapazität dürfte in den USA herrühren aus einem Verbund von Anwender und Betreiber. Ein Beispiel ist IBM, die zusammen mit COMSAT und einer Versicherungsgesellschaft in den USA das Satellite Business System (SBS) errichtet, um digitale Fernmeldedienste zur Übertragung von Sprache, Daten und für Audio- und Videokonferenzen anzubieten. Das SBS wird seine Marketingaktivitäten auf Gesellschaften konzentrieren, die zu den 800 größten in den USA zählen und die sich die größten Kosteneinsparungen ausrechnen können. Es liegt nahe anzunehmen, daß IBM versuchen würde, mit Hilfe des SBS ihre Stellung auf dem Markt für Datenverarbeitung und Büroautomatisierung zu stärken, indem die Schnittstellen zwischen Endgeräten und Satellitsystem so festgelegt werden, daß fremde Geräte an das Netz nicht angeschlossen werden können. Gleiches gilt, wenn die XEROX-Corporation ihr XTEN-Satellitensystem realisiert.

Es sieht also so aus, als ob in den USA mehrere Fernmeldesatellitensysteme nebeneinander und in Konkurrenz zueinander entstehen, aber ohne die Möglichkeit eines Querverkehrs. Eine solche Situation gab es früher schon einmal bei den Fernschreibnetzen der Western Union und der RCA.

2.3.4. Unterschied der Verhältnisse in USA und Europa

Die Verhältnisse in Europa unterscheiden sich von denen in den USA
nicht nur durch die geringeren Entfernungen auf unserem Kontinent,
sondern vor allem dadurch, daß in Europa der Wettbewerb zwischen verschiedenen Betriebsgesellschaften, die sich unterschiedlicher technischer Mittel bedienen, entfällt. Damit entfällt aber auch derjeni-
ge Teil des Bedarfs an Satellitenkapazität, der in den USA zur Be-
streitung dieses Wettbewerbs dient.

Andererseits wird wahrscheinlich ein gewisser Bedarf von Amerika nach
Europa dadurch transferiert, daß die grpßen Firmen, die in den USA die
hauptsächlichen Benutzer der Satellitensysteme sein werden, Tochter-
gesellschaften oder Filialen in Europa haben. Sie werden diejenigen
Organisationsformen, die in Amerika mit Hilfe der Satelliten-Fernmel-
dedienste eingeführt werden, auch bei ihren europäischen Ablegern an-
wenden und womöglich über Satelliten eine unmittelbare Verbindung zum
Netz der Muttergesellschaft in den USA herstellen wollen.

Für Europa ist die Schätzung der voraussichtlichen Nachfrage nach
Fernmeldesatellitenkapazität noch sehr unsicher. Während bei den
STELLA- und SPINE-Experimenten die Klärung EDV-spezifischer Fragen
im Vordergrund steht, wird eine bessere Vorhersage des Bedarfs, insbesondere des Bedarfs in einem öffentlichen Satellitennetz, evtl.
nach genügender Erfahrung mit TELECOM 1 möglich sein.

In den USA hat sich dagegen bereits ein Markt gebildet, auf dem Angebot, Nachfrage und Preis im Wechselspiel stehen. Die bisherige Entwicklung der Nachfrage zeigt die typische, zunächst zögernde Nutzung
einer neuen technischen Möglichkeit, ein wachsendes Überangebot mit
dem Zwang zu Preiszugeständnissen und schließlich ein starkes Anwachsen der Nachfrage /6/.

Dieses Bild wird bestätigt, wenn man das Anwachsen des Verkehrs im
INTELSAT-System, des allgemeinen Fernmeldeverkehrs und die sonstigen
Wirtschaftsindikatoren betrachtet /7/ /8/. Sie lassen eine weitere
starke Zunahme der Nachfrage nach Fernmeldesatellitenkapazität erwarten, und zwar nicht nur in den USA, sondern auch in Europa und
anderen Teilen der Welt.

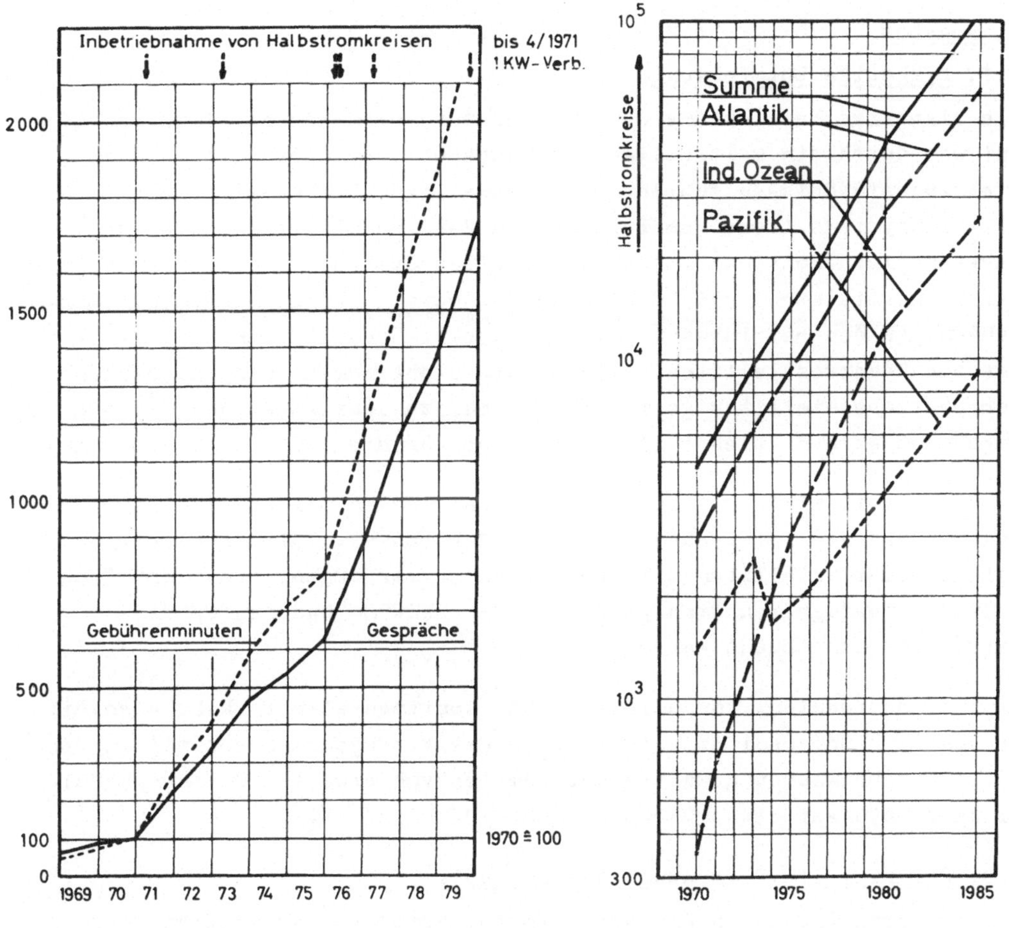

Bild 1 Entwicklung des Fernsprech-
verkehrs Bundesrepublik-
Indien, bezogen auf 1970

Bild 2 Entwicklung der
Kapazität im INTELSAT-
System

Tab. 1 Typische Wachstumsraten

Welt-Bruttosozialprodukt	4 %
Entwicklungsländer BSP	5 %
Welt, Telefone seit 1970	7 %
Bundesrepublik BSP	4 %
Bundesrepublik Telefone seit 1970	8 %
INTELSAT-Verkehr (78 - 79)	23 %
INTELSAT-Verkehr (72 - 79)	24 %
INTELSAT-Verkehr (67 - 79)	50 %
US nationale Systeme	20 %

3. Angebot

3.1. Bisherige Entwicklung

Die bisherige Entwicklung des Marktes für Fernmeldesatellitenkapazität war durch ein zeitweiliges Überangebot gekennzeichnet, das zu Preiszugeständnissen führte. Die zeitweilige Überkapazität eines Satellitensystems liegt zum Teil in den Reservesatelliten, die für den zuverlässigen Betrieb eines kommerziellen Systems erforderlich sind. Deren Amortisierung und Betriebskosten werden bereits durch die Einnahmen aus den Betriebssatelliten gedeckt. Deshalb kann die Kapazität der Reservesatelliten, solange sie nicht zum Ersatz ausgefallener Betriebssatelliten gebraucht werden, zu sehr günstigen Tarifen angeboten werden. Dies trifft vor allem für die INTELSAT-Systeme zu.

So führten flexible, an den Wünschen der Kunden orientierte Tarifsysteme und die inzwischen entdeckte Möglichkeit, die Kabelfernsehanlagen über Satelliten mit Programmen zu versorgen, dazu, daß Ende 1979 die verfügbaren Transponder in den SATCOM- und den WESTAR-Satelliten ausgebucht waren /6/.

Im internationalen, vor allem im interkontinentalen Verkehr – soweit er von INTELSAT bedient wird – stieg die verfügbare Kapazität in den letzten zehn Jahren gewaltig an, nämlich von etwa 4 700 Einwegkanälen im Jahr 1970 auf etwa 42 000 im Jahr 1980 /2/ /7/.

3.2. Prinzipielle Begrenzung des Angebots

Dem weiteren Anwachsen des Angebots an Übertragungskapazität sind gewisse grundsätzliche Grenzen gesetzt, die allerdings mit Hilfe technischer Mittel weit hinausgeschoben werden können.

Zunächst einmal ist die Zahl der Positionen in der geostationären Umlaufbahn aus funktechnischen Gründen begrenzt. Außerdem ist wegen physikalischer Gegebenheiten und wegen des Bedarfs anderer Funkdienste nur ein geringer Teil des Frequenzspektrums für Satellitensysteme benutzbar. In den Frequenzbereichen, die von den Satellitenfunkdiensten und anderen Funkdiensten gemeinsam benutzt werden, ist darüber hinaus auch die erlaubte Sendeleistung der Satelliten begrenzt.

3.3. Mittel zur Überwindung der Begrenzung

Um trotz dieser Beschränkungen ein genügend großes Angebot an Satellitenübertragungskapazität in der Zukunft zu gewährleisten, müssen alle technischen Möglichkeiten ausgenutzt werden, während es bisher ausreichte, die Sendeleistung und die Bandbreite der Satelliten sowie

ihre Zahl zu erhöhen. Zu den Erfolgsaussichten dieser Bemühungen gibt
es sehr optimistische Voraussagen, nach denen eine Verknappung des
Angebots aus technischen Gründen nicht zu erwarten ist /8/. Heute bereits verfügbare Mittel zur Überwindung der Beschränkungen sind die
Mehrfachausnutzung vorhandener Übertragungskanäle durch bedarfsweise
Zuordnung und Mehrfachzugriffsverfahren, die Mehrfachausnutzung von
Frequenzen durch scharf bündelnde Antennen und Polarisationsentkopplung, schließlich die Nutzung der den Satellitenfunkdiensten neu zugewiesenen Frequenzbereiche bei 12/14 GHz und bei 20/30 GHz.

Die Verwirklichung dieser fernmeldetechnischen Maßnahmen führt zu
immer größeren und komplizierteren Satelliten mit entsprechend mehr
Masse. Man wird aber die Masse, die für die Startkosten bestimmend
ist, durch konsequente Leichtbauweise, durch neue Werkstoffe, durch
die Verwendung von Halbleiter-Leistungsverstärkern anstelle von Wanderfeldröhren und andere Maßnahmen in Grenzen halten können.
Schließlich gibt es sehr interessante Vorschläge, auch die Positionen
in der geostationären Umlaufbahn mehrfach auszunutzen /9/.

Diese wenigen Hinweise auf die technischen Möglichkeiten, die Übertragungskapazität der Fernmeldesatelliten zu steigern, sollen deutlich machen, daß es eine Vielzahl von Ideen gibt, die mit heutigen
Mitteln realisierbar scheinen. Extrapoliert man die Ausnutzung aller
heute denkbaren technischen Möglichkeiten, so sind Fernmeldesatelliten
mit einer Übertragungskapazität entsprechend 500 000 Fernsprechleitungen je Satellit zu erwarten /10/.

Es bestehen jedoch erhebliche Schwierigkeiten, alle Möglichkeiten
auch wirklich zu nutzen. In manchen Zonen der Erde, besonders in
tropischen Gegenden, sind die hohen Frequenzbereiche wegen der hohen
Dämpfung durch Niederschläge nicht nutzbar. Daneben erheben manche
Staaten den Anspruch auf Reservierung von Positionen in der geostationären Umlaufbahn und von Frequenzen, ohne daß sie in absehbarer
Zeit davon Gebrauch machen können. Trotzdem ist zu hoffen, daß die
Nutzung von Fernmeldesatelliten nicht an praktische, technische oder
physikalische Grenzen stoßen wird.

4. Kosten, Preise

4.1. Kosten

Die wachsende Zahl von Erdefunkstellen, insbesondere in solchen Netzen,
in denen möglichst bei jeder Endstelle eine Erdefunkstelle stehen sollte, zwingt dazu, die Verteilung des Aufwandes auf Satelliten und Erde-

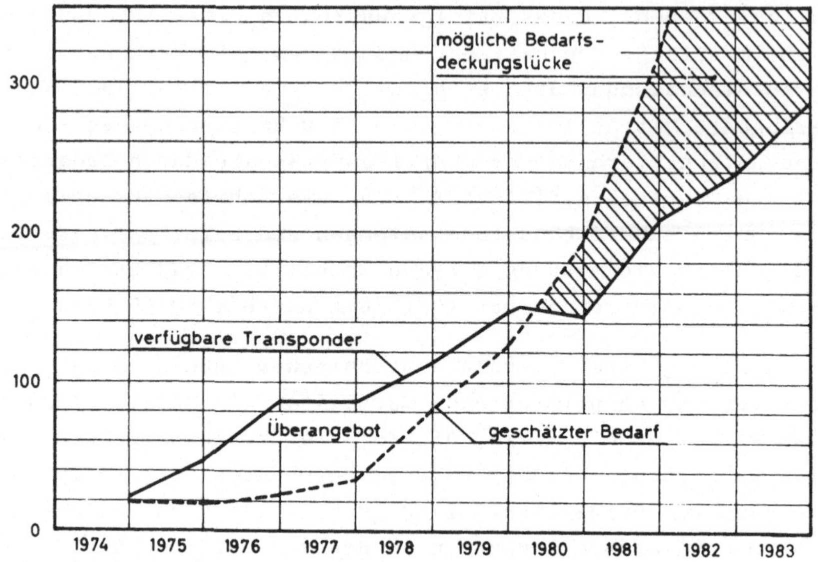

<u>Bild 3</u> Nachfrage und Angebot bei US-Satellitentranspondern

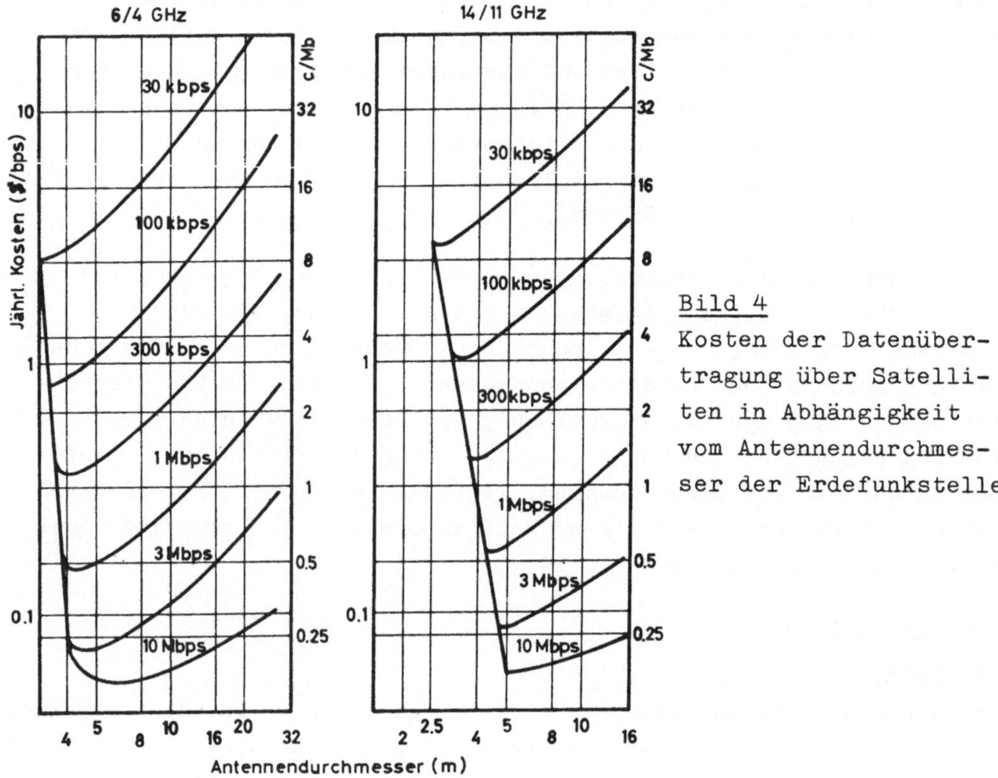

<u>Bild 4</u>
Kosten der Datenüber-
tragung über Satelli-
ten in Abhängigkeit
vom Antennendurchmes-
ser der Erdefunkstelle

funkstellen genau unter die Lupe zu nehmen, damit die Kosten des Gesamtsystems minimiert werden. Bei den ersten Fernmeldesatelliten war die Gestaltungsfreiheit gering, denn sie unterlagen einer Reihe einschränkender Bedingungen wie

. Beschränkung der Nutzlast der Trägerrakete,
. Beschränkung der Sendeleistung wegen der schwachen Stromversorgung,
. Verwendung der konventionellen Frequenzmodulation,
. Beschränkung der Leistungsflußdichte, d.h. der je Flächeneinheit
  auf der Erde höchstzulässigen empfangenen Leistung.

Diese technischen Randbedingungen zwangen, unabhängig von allen Wirtschaftlichkeitserwägungen, zum Einsatz sehr großer Antennen mit 28 oder 30 m Durchmesser auf den Erdefunkstellen und zur Anwendung sehr großer Sendeleistungen auf dem Aufwärtsweg. Die unausweichliche Folge waren sehr hohe Kosten für die Erdefunkstellen.

Heute dagegen könnte man zwischen dem Aufwand im Weltraumabschnitt und dem Aufwand im Erdeabschnitt eines Fernmeldesatellitensystems das Optimum suchen und das System entsprechend auslegen. In einer sehr interessanten Studie, die in den COMSAT-Laboratorien ausgeführt wurde, ist der Versuch gemacht, auf der Grundlage heutiger technischer Möglichkeiten die optimale Kostenverteilung zwischen Satelliten und Erdefunkstellen zu bestimmen /11/. Auf der Grundlage typischer Preise für Erdefunkstellen und Fernmeldesatelliten ergibt sich für das Modellsystem ein Kostenoptimum für Erdefunkstellen mit Antennen von etwa 4 bis 8 m Durchmesser im Frequenzbereich 4/6 GHz und von etwa 3 bis 5 m Durchmesser im Frequenzbereich 11/14 GHz. Allerdings gilt unausweichlich: Je kleiner die Antenne, desto geringer die Kapazität des Gesamtsystems und desto größer der erforderliche Abstand der Satelliten. Aus Gründen der Frequenzökonomie wird die Tendenz also eher zu größeren Antennen gehen.
Die Kosten für solche Erdefunkstellen werden in jedem Fall nicht unerheblich sein. Um die Kostenbelastung je Endstelle gering zu halten, werden zweckmäßigerweise mehrere geografisch benachbarte Endstellen über terrestrische Leitungen an eine gemeinsam benutzte Erdefunkstelle herangeführt werden. Bei dem XTEN-System soll so verfahren werden /3/.

4.2. Preise
Die technische Entwicklung hat sich bereits stark auf die Preise für Satellitenübertragungskapazität ausgewirkt. Der erzielte Fortschritt mag deutlich werden am Beispiel des INTELSAT 1, der eine Übertragungs-

kapazität von 240 Fernsprechleitungen hatte, und des heutigen COMSTAR
mit einer Übertragungskapazität von 18 000 Fernsprechleitungen /10/.

Die Jahresmiete für die Benutzung eines Transponders in Empfangs- und
Senderichtung durch eine Erdefunkstelle für eine Fernsprechleitung
betrug 1964 im INTELSAT-System 32 000 Dollar. Bis heute ist sie auf
5 760 Dollar, also auf 18% gesunken. Dabei wirft trotz höherer Investitionen der Betrieb des Satellitensystems Gewinn ab. Der break-
even-point des INTELSAT -Systems war bereits 1970 erreicht /12/.
(Die Kosten des Weltraumabschnitts sind aber nur ein Teil der gesamten Kosten einer Verbindung von Endstelle zu Endstelle!)

Die Investitionskosten für den Aufbau des Weltraumabschnitts eines
Fernmeldesatellitensystems werden im wesentlichen bestimmt von dem
Preis für die Satelliten, dem Preis für den Start in die geostatio-
näre Umlaufbahn und der Prämie für die Startversicherung.

Fernmeldesatelliten kosten heute 20 bis 30 Mio Dollar.
Die Preise der Trägerraketen liegen bei 26 Mio Dollar für die Delta
3910 - PAM und bei 40 Mio Dollar für die Atlas Centaur. Neue Träger-
fahrzeuge, das amerikanische Space Transportation System, besser als
Space Shuttle bekannt, und die europäische Ariane sind in Entwicklung. Der Start von Satelliten mit 700 bis 1500 kg Masse soll in wenigen Jahren nur noch etwa 11 bis 13 Mio Dollar kosten, und man erwartet weitere Preissenkungen, wenn auch auf diesem Teilmarkt der
Wettbewerb einsetzt. Die europäischen Pläne mit der Ariane und die
japanischen Pläne mit der N-Rakete bilden hierfür einen Ansatz /13/.

Die Prämien für die Startversicherung sind seit den Anfängen der
kommerziellen Nutzung der Satelliten ebenfalls stark gefallen, weil
die heute benutzten Trägerraketen eine Zuverlässigkeit von 90% haben.
Die Zuverlässigkeit des Space Shuttle wird noch viel höher liegen,
und das wird die Versicherungsprämie weiter nach unten bewegen.

Vor kurzem konnte man in der Zeitung lesen, daß die Southern Pacific
Communications Corporation in den USA für ein Satellitensystem, be-
stehend aus zwei fliegenden Satelliten und einem Reservesatelliten
am Boden 200 Mio Dollar investieren wolle /15/. Ebenfalls in der
Zeitung stand, daß der von einer schweizer Gruppe geplante Fernseh-
rundfunksatellit TELSAT erstmalige Investitionen in Höhe von 400 Mio
Schweizer Franken erfordere /14/.

Bei Systemen für die direkte Aussendung von Fernsehprogrammen ist eine wichtige Größe der Preis für die Empfangsanlage. Hierfür wird in der Meldung über die schweizer Pläne ein Betrag von "weit mehr als 500 Schweizer Franken" genannt. Diese Zahl liegt weit ab von einer anderen, die aus Japan zu erfahren war. Dort wurden im Zusammenhang mit dem Fernsehrundfunkprojekt BSE 40 Heimempfangsanlagen ausgeschrieben. Die Angebote lagen bei 4000 bis 8000 DM je Anlage /16/. Sicher werden bei steigenden Stückzahlen und weiterer technischer Entwicklung auch auf diesem Gebiet die Preise noch sinken.

4.3. Finanzierung

Angesichts der steigenden Nachfrage nach Satellitenübertragungskapazität und der Möglichkeiten, sie zu befriedigen, ist es für Kapitalanleger in den USA und in Europa interessant geworden, Fernmeldesatelliten zu finanzieren. Es gibt bereits Leasing-Verträge zwischen der US Navy und Hughes Aircraft, zwischen der NASA und Western Union, zwischen dem Bell-System und COMSAT und zwischen 16 oder inzwischen mehr Ländern und INTELSAT. Daneben gibt es auch bereits Beispiele für die Finanzierung von Eigentum an Satellitsystemen durch Banken /13/. Dies alles weist darauf hin, daß auch in Finanzkreisen die wirtschaftlichen Aussichten von Fernmeldesatellitensystemen als gut beurteilt werden.

5. Zusammenfassung und Schlußfolgerungen

Der Fernmeldeverkehr wächst seit Jahren stärker als die übrige Wirtschaft. Technologische Fortschritte bei den Endgeräten und bei den Fernmeldenetzen sowie die Economy of Scale führen zu sinkenden Kosten.

Die Büroautomatisierung mit Hilfe der Elektronik und der Datenverarbeitung und das Angebot neuer Fernmeldedienste in digitalen Netzen läßt weiterhin ein starkes Anwechsen der Nachfrage nach Übertragungskapazität erwarten. Ein Teil dieser Nachfrage ist in den USA auf Fernmeldesatellitensysteme gerichtet, weil sie eine Reihe von Bedürfnissen leichter, schneller und mit geringeren Kosten befriedigen können als terrestrische Fernmeldenetze. Die Gründe, die in den USA das Aufkommen von Satellitennetzen fördern, treffen in Europa nur zum Teil zu. In großräumigen Ländern mit schwacher Infrastruktur kann mit Hilfe von Satelliten schnell eine Grundversorgung bewirkt werden.

Für die Zukunft ist infolge der technischen Entwicklung mit sinkenden Kosten bei steigendem Angebot zu rechnen. Der wachsende Fernmeldeverkehr, besonders der Bedarf an schneller digitaler Nachrichtenübertragung wird die Nachfrage steigern. Die Aktivitäten Europas und Japans in der Weltraumtechnik werden dem in den USA bereits herrschenden Wettbewerb weitere Impulse geben, und die Anwender werden davon ihren Nutzen haben.

Bei all diesen günstigen Aussichten muß aber doch ein Aspekt in Erinnerung behalten werden: Wir benutzen beim Betrieb von Fernmeldesatelliten zwei nicht vermehrbare natürliche Ressourcen, nämlich die Positionen in der geostationären Umlaufbahn und das Funkfrequenzspektrum. Die Benutzung beider Ressourcen ist absolut notwendig nur für mobile Funkdienste. Zur Herstellung fester Verbindungen könnte man, wenn auch teilweise zu höheren Kosten und unter Inkaufnahme von Erschwernissen, terrestrische Netze benutzen. Man wird sich u.U. zu gegebener Zeit daran erinnern müssen.

Schrifttum

/1/ E.H. Griffiths — Telecommunications - Promise and Practicality
3rd World Telecommunication Forum, Genf, 1979

/2/ — Die technischen und wirtschaftlichen Probleme der INTELSAT
Mikrowellenmagazin 1/1978

/3/ Long range and strategic studies division Post Office Telecommunications — Market Prospectives for Private Satellite Services in Europe
unveröffentlicht, 1980

/4/ — CEPT-Dokument T(80)12, Annexe
unveröffentlicht, 1980

/5/ James Martin — Future Developments in Telecommunications
2nd Edition, Prentice Hall, Englewood Cliffs, N.J., 1977

/6/ Walter L. Morgan — Satellite Economics in the 1980's
Satellite Communications, Denver, Colorado, Jan. 1980

/7/ Rush and Cuccia — A Projection of the Development of High Capacity
Communications Satellites in the 1980's
8. AJAA-Konferenz, Orlando, Florida, 1980

/8/ Robert A. Frosch — Space Telecommunications Applications to the Year 2000 and Beyond
3rd World Telecommunication Forum, Genf, 1979

/9/ Donald v.Z. Wadsworth — Longitude Reuse Plan Doubles Communications Satellite Capacity of Geostationary Arc
8. AJAA-Konferenz, Orlando, Florida, 1980

/10/ Dr. Joseph V. Charyk — Space 2000 - Impacts on Intergovernmental Treaties and Agreements
3rd World Telecommunication Forum, Genf, 1979

/11/ L.C. Palmer — Economic Trends in Data Transmission by Satellite
5th Data Communications Symposium, Snowbird, Utah

/12/   Edelson, Wood, Reber — Cost Effectiveness in Global Satellite Communications
Raumfahrtforschung, Heft 2/1976

/13/   Dr. Albert D. Wheelon — The Economics of Telecommunications in the Century of Satellite
3rd World Telecommunication Forum, Genf, 1979

/14/   Kein Satelliten-Fernsehen für die Schweiz?
Frankfurter Allgemeine Zeitung, Nr. 179 (1980), 5.8.1980

/15/   Journal des Télécommunications, Vol. 47 VII/1980, S. 471

/16/   Mägele — unveröffentlichter Reisebericht des FTZ, 1980

Economic Aspects of Communication Satellites

R. Dingeldey
Darmstadt, Germany

For the past 15 years, communication satellites have formed part of
the international telecommunication network and are now increasingly
being used in national networks. With the aid of communication satellites, it is possible to supply developing countries with basic
telecommunication services within a short period of time. In industrial countries, communication-satellite networks form a means
of competing with well-established recognized private operating
agencies, the networks, however, also serve to satisfy the need for
high-speed digital data transmission which allows mainly large-scale
users to step ahead with office and administrative rationalisation.
Due to the differences in legal regulations, there are significant
dissimilarities between Europe and the USA, one of the main differences being the non-existence, in Europe, of competition between
recognized private operating agencies operating seperate telecommunication networks.

The current growth in telecommunication traffic, which exceeds overall economic growth, and the foreseeable, continously rising need
for telecommunication services suggest that the demand for satellite
transmission capacity will also increase. Although the number of
available satellite locations in the geostationary orbit and the
proportion of the radio spectrum allocated to satellite services are
limited, a scarcity of capacity is not expected to arise in the near
future. The progress in space technology combined with the advances
in communication engineering lead to multiple use being made of the
frequencies allocated to communication satellites. Methods by which
available geostationary satellite locations can be reused are being
discussed. If all methods already available today are implemented,
the increase in capacity is expected to substantially exceed foreseeable demand.

The aim to derive an income from the transmission capacity reserves in satellites intended to handle general telecommunication traffic, and the possibility of introducing new, low-priced telecommunication services by means of specialized satellite networks have already resulted in considerable reductions in price which are most clearly reflected by INTELSAT tariffs. This trend will continue and lead to the discovery of new, hitherto unknown application areas for satellite services.

The foreseeable expansion of the market and the high reliability of launching rockets will to a large extent facilitate the financing of satellite projets so that from this point of view the prospects are also good.

Despite justified optimism about the economic outlook of the use of communication satellites it should be remembered that geostationary positions and the radio spectrum are two limited natural resources, the utilization of which may be dispensed with in the case of fixed services but not in the case of mobile services.

Fig. 1 shows how telephone traffic between the Federal Republic and India grew due to improved quality of service.

Fig. 2 shows the growth of transmission capacity of INTELSAT satellites.

Fig. 3 gives an impression on how demand and supply of transponders in US domestic satellite systems have developed.

Fig. 4 shows how cost of data transmission via satellite vary with antenna size.

Communication Satellites in Canada – Experiences and Plans

Anna E. Casey-Stahmer
Ottawa, Canada

INTRODUCTION

In the field of space technology, Canada has more potential
applications than almost any other country. In particular we have
embraced space communications technology because of our needs for
contact in a vast land. Canada is the world's second largest country.
It has a multi-cultural population, widely dispersed settlements,
enormous areas of difficult terrain and remotely located resources –
strong factors to justify space communications. I will just give you
a short list of illustrations. Canadian geography makes it difficult
to provide adequate health care services or educational opportunities
to the dispersed settlements. Access to cultural activities and to
entertainment is scarce outside the urbanized areas in the Southern
regions of the country. The large majority of the Canadian population
lives in a hundred mile belt directly north of the US border. Over
3000 km of sparsely inhabited territory stretch to the North of this
belt. Many of our native peoples, Indian and Inuit, live outside the
populous centres of the country. The survival of their cultural,
social, economic and political identity in the face of the non-native
cultures has been closely linked to their access to suitable
communications systems.

Other needs involve the location of downed aircraft, of
fishing vessels lost in stormy weather or of teams of hunters caught
in a snow storm,or the control of forest fires which at times cover
whole areas the size of Germany. Many of Canada's oil, gas and
mineral resources are based in the Arctic regions, where ice formation
impedes major ship traffic. The exploration and exploitation of these
resources require continuous and reliable communications links for
safety, supplies, technical analysis and management information.

In 1962, with the launch of the Alouette - ISIS series of scientific satellites, Canada entered the space era. In 1972, with the launch of ANIK-A-1, Canada was the first country in the world to establish a commercial communications satellite system in the geostationary orbit. Today, Canada has four communications satellites in orbit, and contracts for five more have been let. Operations of an experimental satellite - HERMES - ceased last year.

The Space Program - Some Facts

At the governmental level, the Canadian space program is decentralized, and no single agency in Canada has the responsibility for all space related matters. An Interdepartmental Committee on Space (ICS) was set up in 1969, and coordinates the space activities of the governmental departments and agencies. Responsibility for the ICS has recently shifted from the Minister of Communications to the Minister of State for Science and Technology. The Department of Communications has responsibility for communications satellite technology development and operates a research and satellite test and integration facility. In the space program the Department has 171 employees. Its major program expenditures were $60.1M for the HERMES satellite, $34M for the lease of the ANIK-B 14/12 GHz channels from Telesat, $15M for the satellite test facilities and $19.4M to Telesat to cover the additional costs of procuring ANIK-D from a Canadian supplier. The annual budget is in the order of $35M.

On the operational side, the government established Telesat Canada as a commercial corporation to operate the domestic satellite system. Telesat presently employs over 400 people. The company is owned equally by the federal government and by the telephone companies, with one share owned by the Chairman of the Board. Telesat's system is intended to be complementary to the terrestrial telecommunications system, which is operated by a number of telecommunications carriers. These are owned by commercial entities or by provincial agencies. It is to these entities that Telesat provides its services, not to the end users.

Telesat's investment in the ANIK spacecraft are $31M for the ANIK-A series, $19.1M for ANIK-B (6/4 GHz transponders only), $80M (US) for the ANIK-C series and $80M for the ANIK-D spacecrafts. These figures do not reflect launch costs or investments in the earth segment./1/

In the space industry sector 40 companies employ about 2300 persons and yield annual revenues in the order of $140M.

THE SATELLITE SYSTEM

At present, Telesat Canada operates four communications satellites, ANIK-A-1, -II, -III and ANIK-B. These satellites operate in the 6/4 GHz frequency band to provide heavy route services between major centres in the South, medium density message and thin route message services to Northern communities, TV network services for the Canadian Broadcasting Corporation and for remote areas, and TV feeds to cable systems. ANIK-B is a dual frequency satellite operating in the 6/4 GHz and 14/12 GHz bands. Its 6/4 GHz capacity was designed to replace the capacity of the aging ANIK-A satellites. The 6/4 GHz system provides all Canada coverage.

At the end of 1979 Telesat had 109 permanent earth stations in service. About 20 transportable earth stations provided at various times broadcast, message and data services. In addition, broadcasters and cable operators own earth stations.

The next generation of satellites, the ANIK-C series will provide coverage in four spot beams in the 14/12 GHz frequency band. ANIK-C-I will be launched in 1982. There will be three satellites in the series. ANIK-C was primarily designed to provide message services in the southern regions of the country and its prime coverage area does not include the Arctic regions. ANIK-D, also to be launched in 1982, was designed to replace the ANIK-A's and to provide continued services to the Arctic. It will provide all Canada coverage in the 6/4 GHz frequency band./2/

The Experimental Programs

When the Department of Communications placed into operation in 1976 the experimental HERMES satellite, it also began an extensive experimental applications program. This program was continued in 1979 with the 14/12 GHz channels of the ANIK-B satellite. An objective of this applications program is to allow various institutions and organizations to test the utility of satellite systems for their own purposes, on the basis of which they could decide if operational follow-on was desirable and what types of services were appropriate. The interest in these experimental programs is overwhelming.

Several provincial government departments have used the experimental opportunities to test teleconferencing systems for regional administration. Health care systems in remote areas use the satellite system to seek specialist advice, to provide in-service training for nurses, physicians, medical technicians and administrators, and to facilitate administration. Native organizations use the system to develop native radio and television networks, and to facilitate regional socio-economic and cultural development through teleconferencing. Various sectors associated with resource exploration and exploitation in the remote areas of the country are testing the appropriateness of satellite technologies to support analysis of scientific data, to provide medical assistance, and to improve educational opportunities and administrative communications. Educational uses of the experimental system range from curriculum exchange between universities, to curriculum enrichment in remote areas, to extension of post-secondary education to rural and remote areas. The media tested included one-way TV broadcasting, one-way TV with audio conferencing, two-way TV, audio-only conferencing, as well as the transmission of facsimile, slow-scan TV, or medical data such as EKG. In some applications, dedicated systems are tested, e.g., hospitals or university campuses or community centres or government offices are linked into a network. In other cases the signals are retransmitted through local cable systems or by off-air transmission.

A main outcome of these programs is the fact that Canada now has a relatively aware satellite user community that can identify and quantify its satellite systems requirements. The carriers and Telesat will also find input from this user community useful for their future systems planning. Operational follow-on, which is being discussed seriously by various experimenters, will be a compromise between what is technically desirable and what is financially feasible. Transportation - communications trade-off studies are underway by several organizations. Special tarriffs, systems sharing arrangements

as well as government subsidies are among the proposals that are being
put forth by the public services sectors. By the time the next
generations of operational satellites will go into service, it can be
expected that mechanisms will be in place to allow many of the uses
tested in the experimental programs to go operational.

FUTURE PLANS

For the 1980's specialized satellite systems requirements
are emerging.

Telecommunications Systems

With ANIK-C, telephony and message systems will be in place
to provide new government and business services or to satisfy
requirements for thin-route rural telecommunications. Of particular
interest is the development of low-cost telephony thin-route earth
stations in the 14/12 GHz frequency band which can satisfy many of
these future requirements.

Search and Rescue Services

In the Search and Rescue area Canada is participating with
France and the US in a joint experimental demonstration of a Satellite
Aided Search and Rescue System (SARSAT). Improved coverage, response
time and accuracy of locating distress signals are the goals of the
system. A successful SARSAT program is expected to result in a
follow-on operational satellite search and rescue system.

Satellite Broadcasting and Satellite Mobile Communications services
are two other areas under close scrutiny at the moment.

Mobile Satellite System

The need for Mobile Communications Satellite Systems is predicated on the Canadian geography, its settlement patterns and the location of natural resources. The provision of continuous Mobile Communications by terrestrial means can be a very expensive proposition outside the populated southern areas of the country. Many of the natural resources of the country are located North of this 100 mile belt, including vast forests, mineral deposits, and oil and gas wells.

Therefore, definition studies are underway to design satellite systems which will carry government and public mobile services. Government, including military mobile service requirements have been the subject of studies and surveys over the past years. In support of government mobile services, the surveys showed requirements particularly in support of operations in the Canadian north, in remote areas and in coastal waters. The needs identified so far are for narrowband voice, facsimile or data transmission. Applications include manpack stations for field parties which are fighting forest fires, mapping and surveying the land, investigating oil spills and clean-up, or for air accident investigation, resource exploration and management or emergency communications. Shipborne applications include communications to coast guard vessels, ice breakers and research vessels. Airborne applications would include ice reconnaissance support. Substantial application can also be envisaged for the collection of environmental data from sensors from fixed and mobile monitoring stations on land, buoys, or ice.

The opening in Region 2 of the 806-890 frequency band at WARC 1979 for public mobile communications is permitting the investigation of public mobile services. Although public mobile service requirements have not been studied in detail one could envisage applications to the health care field, where a patient's condition could be monitored while in transit to a hospital. Many of the native people make their living on the land. Accidents or bad weather can have disasterous results on trapping, hunting and fishing parties. Mobile communications could assist their safe return to the home community. In commercial applications one could envisage use of mobile satellites by long-haul trucking companies or by commercial shipping companies in Arctic waters.

Broadcasting and the Satellite System

1.   TV Coverage

The majority of Canadians is well served with TV programs. The public Canadian Broadcasting Corporation (CBC) reaches between 98 and 99% of the population with its English and French services. The CBC uses the satellite system to relay programming to its major network distribution centres and to provide a TV channel for its Northern coverage. The Canadian broadcasting system is a mix of public and commercial systems and aside from CBC services about 90% of the population has access to a second Canadian English language TV service. 99% of the population of Quebec receives a second French language service. In addition, two provincial educational communications authorities provide educational TV services to their respective provinces.

Almost 80% of the Canadian households are located in cabled areas and in some urban centres the viewers can have access to up to 35 channels, although the average cabled household receives in the order of 10 channels. The majority of the programs exhibited on cable are of US origin. Since September 1980, 40 cable systems in Quebec receive via ANIK-B (14/12 beam) a third French channel which is composed of programs compiled from the three networks from France. Residents in cabled areas also receive live distribution of the Proceedings of the House of Commons, which the CBC distributes via satellite. In 1982, the CBC will begin its second network in English and in French, to be distributed via satellite to cable head ends. A cable consortium is seeking approval to distribute to members via satellite children and multi-lingual programming. Various other cable undertakings and broadcasters are requesting access to satellite distribution for their programming.

On a temporary basis the Canadian programming offering is extended to about 100 households and communities in the West and the Centre of the country. An educational communication authority, the CBC and a commercial broadcaster are collaborating with the Department of Communications in field trials, distributing their programming via ANIK-B.

The main shortcoming of the present system is the fact that between 200,000 and 400,000 Canadians do not receive television at all, that French language service is deficient in some areas outside Quebec with concentration of French-speaking populations and that one million households in non-urban areas have on the average access to 3 or less TV channels. In addition, in four provinces the TV coverage is disquietingly below average since national coverage figures are distorted by the fact that some of the more populous provinces have near 100% TV coverage.

2.   Canadian TV Programming

Shortcomings in the present system are not only evidenced in reception statistics. To many, an as serious problem is the shortage of quality Canadian TV programming, the lack of suitable native programming, and the lack of a florishing Canadian production industry. For decades now Canadian broadcasting policy makers have been wrestling with solutions and formulae to maintain a Canadian cultural autonomy via-à-vis the US programming fare which is so easily available to many Canadian viewers and which has so much more financial resources. One of the methods used is the regulation of Canadian content, specifying the percentage of Canadian programs to be exhibited by Canadian broadcasters. The advent of TV programming on US satellites and the limited program choice outside the urban areas is throwing this formula into disarray. Communities can receive TV signals directly from US satellites, which distribute in the order of 35 signals. If the communities were to direct their antennas at a Canadian satellite, no comparable programming could be received.

3.   Extension of Services

The present scarcity of capacity available on Canadian satellites for broadcast distribution presents a serious obstacle to offering in the near future a comparable Canadian satellite package for the underserved areas. Discussions are underway to use the remaining capacity for distribution to underserved regions of a composite of Canadian programming.

4. <u>ANIK-D or -C Respective Roles</u>

In 1982, ample satellite capacity will exist when ANIK-C and -D are expected to be placed into operation. The relative merits of either system for different TV program services are under discussion. The ANIK-D system would provide full Canada coverage in a single beam and, a number of TV receive stations in the 4/6 GHz band are in place. The ANIK-C system provides with its 4 beams reasonable time zone-sensitive coverage (there are 5 1/2 time zones in Canada), it features regional beams which are particularly attractive to educational broadcasters, but it does not adequately cover the Northern regions; 40 receive stations in the 14 GHz band are in commercial operation; recent developments and testing of 100 small TV receive terminals in the 14 GHz band, which could work with ANIK-C, are expected to bring receiver costs down to a level where small communities or even individual households might be able to afford them. Some program services, e.g., cable network programming, when it is not time zone sensitive and can be re-distributed on a tape delay basis, are more economically provided by ANIK-D. Preliminary data show that time zone sensitive programs can be more economically distributed by ANIK-C to cable head ends as well as to non-cabled areas, if receiver costs decrease as anticipated. The task at hand for the next two years is to develop a Canadian satellite program package that is attractive to Canadian viewers, and that redresses the serious imbalance of TV program offerings between urban and rural areas and between the different regions of the country. Which of the two satellite systems will be used for what type of services is an open question at this time.

<u>Direct Broadcast Satellites (DBS)</u>

It is against this background that the Department of Communications is conducting its long-range DBS studies program. A decision to develop an operational DBS system has not been taken. The timing of the introduction of a DBS system is critical in view of the overall economic viability of the satellite system, since ANIK-D and -C revenue projections include broadcast services. If a DBS system were to carry the same programming, the introduction of such a system might coincide with the end of mission life of these systems

(1990-92), unless a variety of new TV services were to be offered via DBS and unless growth in other traffic called for earlier release of capacity.

The studies program is multidisciplinary and includes technical, economic as well as regulatory and institutional areas. It will assess the economic and structural effects of DBS on the Canadian broadcasting system and will analyze the new kinds of services that DBS technology could provide. The studies program will provide a significant input into the Canadian preparations for Regional Administrative Radio Conference for Region 2.

1.　　　　The Experimental HERMES Satellite

Canada started early in the development of DBS technology. Through the CTS/HERMES program and through experimentation with the ANIK-D 14/12 GHz capacity, significant experience was gained in the design, manufacturing, testing, and utilization of both the space and earth segments for a future DBS system. First, the HERMES program opened up the 14/12 GHz frequency band, now in use on ANIK-B. This development impacted on the design of the ANIK-C as well as on the SBS system. Second, the deployable arrays on HERMES represent an early exploration of technology that will likely be required for DBS systems. Third, CTS/HERMES was the forerunner of future broadcasting satellites in that it was the first to fly high power transmitter units.

2.　　　　Moderate Power Field Trials

Interestingly enough, tests with HERMES showed that good quality TV pictures could be achieved at reduced power levels. These tests lead to further experimentation with ANIK-B at EIRP levels of 50 dBW or less showing that a very acceptable service quality can be achieved with margins lower than originally thought. The ANIK-B DBS trials, which are of 12 months duration, will develop data on the system performance including that of low cost TV receivers when placed in unskilled hands. In addition, they will assist in establishing costs for hardware and operations and maintenance requirements for different reception and distribution scenarios, i.e., direct-to-home, rebroadcasting and cable distribution./3/

The moderate power DBS field trials are leading to two developments. We are discussing the use of the moderate power ANIK-C system for direct-to-home and community antenna service to satisfy the demands from the rural areas for earliest service at reasonable costs.

3.   Implications for Canadian Planning

The moderate power field trials also are giving us confidence that a future dedicated DBS system for Canada could be of lower power than the systems planned for Regions 1 and III at WARC 1977. The feasibility of operating a DBS system at lower EIRP levels is of some interest to Canada, since a dedicated system would have a requirement of 4 to 6 satellite beams, with a minimum of 6 to 10 channels per beam. A very costly solution at EIRP levels between 61 and 68 dBW as adopted for Regions I and III! The main technical reasons for the success of the Canadian trials are the improved noise figures achieved in receiver design since WARC 77. The earth stations tested have a noise figure of 4.5 dB with 1.2m antenna. Also, less conservative link margin calculations are used. Subjective laboratory tests are showing favourable user reaction to the picture quality achieved./4/ A systems economic trade-off study between EIRP and G/T (based on a CCIR report) also indicates that for the Canadian requirements, i.e., multi-beam design and between 1 and 2 mill. earth stations, a minimum total systems cost is achieved at a satellite EIRP between 57 dBW and 58 dBW./5/

In order to achieve a better understanding of likely scenarios of DBS reception and of the number of household receivers likely required, a demographic study is underway. The study will provide us with an indication of settlement patterns and distances between households, on the basis of which technical-economic models can be developed for household reception, rebroadcasting, or cable redistribution.

4.   <u>Implications for Other Countries</u>

The significance of the lower EIRP trials could be particularly relevant to countries where both broadcasting and telecommunications requirements are developing incrementally, where they are not easily defined and where neither type of service in the short time would warrant a dedicated system.

A lower power system gives the system operator the flexibility to use the system as the traffic increases, for broadcasting or for telecommunications services. In addition, initial spacecraft costs for lower powered satellites could be affordable, where higher powered systems may be out of reach. Lastly, when looking to the developing countries, the introduction of a dedicated DBS system may well put demands on the domestic broadcasting sector for program production which it is not prepared to handle.

<u>The Non-Technical Studies Program</u>

This brings me to the non-technical areas of the DBS studies program in Canada. A DBS system will significantly alter the basis of the Canadian broadcasting system, which now is a mix of government and private sector initiatives, with a system of 3 national and regional networks and a string of local affiliated stations with some 8 independent stations, with several provincial educational communication authorities and with about 500 cable undertakings.

1.   <u>Economic Impact</u>

The network and affiliate station arrangements are likely to be the most seriously affected, since individual households could receive programming directly from the satellite. The local affiliates' role, which in many areas has largely become that of a rebroadcaster, could become obsolete. Many small broadcasters rely for economic survival on advertisement revenues generated by promotions on TV programs which are provided by the network. To what degree local programming can maintain a sufficiently large audience to

generate enough advertisement revenues is an unanswered question. The
cable industry will undergo changes with the advent of DBS services.
Although the introduction of home receivers in urban areas on a mass
scale is not considered a likely scenario, local cable systems
servicing only apartment complexes directly from the satellite can be
expected to arise. Unless existing cable systems provide additional
services, e.g., local events, or specialized services such as
teleshopping, they could well loose a significant section of their
clientele. In addition, the carriers which presently provide the
broadband microwave systems to cable operators for transporting
signals from border areas will loose many of their customers to the
satellite system, which, fortunately in this case, they partially
own.

2.   Programming and Service Opportunities

        The DBS era, however, will also provide many opportunities.
Although it is unavoidable that US programming will be carried on a
DBS system, the increased number of channels will provide here-to-fore
unheard-of opportunities for the creative and programming industries
in the country. Specialized programs for children, ethnic minorities,
native groups, sports, hobbies, and the arts, can well be imagined as
part of a DBS service. Various proposals are being put forth. The
challenge is to create an infrastructure, funding and incentives for
Canadian program production to successfully compete with quality
programming for their share of the Canadian audience. Outside the TV
or radio broadcast area, potentially new service offerings on a DBS
system are being analyzed at present. They could include alphanumeric
or slow-scan distribution of weather information, of News, of
quotations of the Stock Exchanges, or of special programs for the
handicapped.

3.   Regulatory and Institutional Issues

        The assessment of the regulatory and institutional
environment is a critical component in the DBS studies program.
Examples of the questions to be reviewed include: how will Canadian
content regulations be applied to a DBS system? Will they be applied

to individual channels or to the total offerings? How will access to
satellite channels be provided?   On a first come first serve basis,
or will it be determined by market forces and will channels be
reserved for educational and cultural or native interests? Who will
be allowed to own uplink stations? Who will own and/or operate the
satellite system? Is it feasible to charge viewers for the DBS
service or will the system have to be financed by advertising and
possibly Pay-TV revenues? What institutional arrangements need to be
developed regarding the interface between satellite capacity providers
and programming sources? Will there be one single entity to plan and
co-ordinate DBS channel use and, if so, how should such an entity be
constituted?

At this time there is plenty of discussion surrounding these
issues with many divergent points of view. In consultation with all
sectors concerned the government is bracing itself to make the best
use of the technologies of the future.

CANADIAN INDUSTRIAL DEVELOPMENT

The Canadian space program has been applications oriented,
prompted by the needs for communications in a large land. It is an
established policy of the government to move at early stages programs
from government laboratories to the industry. As well, national
satellite test and integration facilities are available to the
industry. The success of this process shows in the fact that Spar
Aerospace Company has been chosen by Telesat Canada as prime
contractor for the ANIK-D satellites.

Canadian companies have established an enviable record in
the world market for various classes of earth stations. Aimed at
future markets are one hundred TV receive-only earth stations now
being field tested in the ANIK-B program. Developments in the design
of low capacity earth stations are expected to achieve cost levels
which will allow satellite systems to meet rural communications
requirements where terrestrial systems appear too costly.

CONCLUSION

The past two decades in Canada have been a time of attempting to adapt the new technology of communications satellites to national problems, goals and aspirations. Much has been accomplished, much remains to be done. Although the development of the technology is often complex and expensive, an equally difficult challenge has been to involve the ultimate user community in the early stages of system planning. Like many modern technologies, the hardware is often better developed than the imagination and ability of the community to use it. In this vital area, Canada has gained significant experiences in the past programs which are being applied to future plans.

REFERENCES

1.   Telesat Canada, Annual Report, Ottawa, 1979

2.   Telesat Canada, A Technical Description, Ottawa, 1979

3.   Roscoe, O.: Planning for a Canadian Direct Broadcasting Satellite System. Paper presented at the XXI IAF Congress in Tokyo, 1980

4.   Chambers, J.: An Evolutionary Approach to the Introduction of Direct Broadcasting Satellite Service. NTC Conference, Houston, Texas, November, 1980

5.   Bowen, R., Brown, K.: Efficient use of the Geostationary Orbit in the 11.7 - 12.2 GHz Band. Ottawa. Department of Communication Planning Paper. 1979, p.7.

Nachrichtensatelliten in Kanada – Erfahrungen und Pläne

Anna E. Casey-Stahmer
Ottawa, Kanada

Kanada hat wohl mehr Anwendungsmöglichkeiten für die Weltraumtechnologie als irgendein anderes Land. Es besteht aus einer riesigen Landmasse, hat weit verstreute Ansiedlungen, schwieriges Terrain, und viele der Bodenschätze liegen in Gebieten weit außerhalb der besiedelten Gebiete.

Im Jahre 1972 hat Kanada als erstes Land ein kommerzielles geostationäres Kommunikationssatellitensystem in Betrieb genommen. Von 1976 bis 1979 testete die Regierung außerdem den experimentellen Hermes-Satelliten. 1982 wird Kanada neun Satelliten im Einsatz oder unter Konstruktion haben. Diese Satelliten arbeiten im 4/6 GHz-Frequenzbereich, um ganz Kanada mit einem Strahl zu überdecken und im 14/12 GHz-Frequenzbereich zur Ausleuchtung ausgewählter Gebiete.

Das gegenwärtige Satellitensystem wird in Kanada für die Fernsprech- und Datenübermittlung, für die Verteilung von Fernsehprogrammen an Kabelfernsehsysteme und Rundfunkanstalten sowie für Fernseh- und Rundfunkprogrammverteilung für die Siedlungen im Norden eingesetzt. In den experimentellen Satellitenprogrammen wurde einer Vielzahl von Organisationen die Möglichkeit gegeben, neue Anwendungen von Kommunikationssatelliten zu testen und zu bewerten, z.B. für Erziehungsfernsehen, für Telekonferenzen mit und ohne Bild, die sowohl im industriellen Bereich, der Verwaltung und dem Sozial- und Kulturbereich angewandt wurden, als auch in der Hörfunk- und Fernsehprogrammentwicklung bei Indianern und Eskimos.

Gegenwärtig hat das Kommunikationsministerium ein Studienprogramm für ein Satellitensystem zum Fernsehdirektempfang laufen. Die Planungsstudien umfassen technische, wirtschaftlich-finanzielle, soziale, kulturelle, medienpolitische und institutionelle Bereiche. Kanadas sechs Zeitzonen und der Anspruch der Bevölkerung auf eine Vielfalt von Fernsehprogrammen führten die Planer dazu, Alternativen zu studieren für Satellitensysteme, deren Ausgangsleistung einen geringeren Wert als den in der Funkverwaltungskonferenz WARC 1977 festgelegten aufweisen soll, da dies die Satellitenkosten stark beeinflußt. Die seit 1977 im

Antennenentwurf erzielten Fortschritte, eingehende Berechnungen der
Funkverbindung, Experimente und finanziell-technische Studien über-
zeugen uns davon, daß Systeme mit geringerer Leistungsausstrahlung für
Kanada finanziell attraktiv, technisch in Kürze einsetzbar und für die
Zuschauer akzeptabel sind. Um möglichst bald dem Verlangen der Bevölkerung nach mehr und besserem Empfang von Fernsehprogrammen in den
ländlichen und entlegenen Gebieten nachkommen zu können, diskutiert
man im Moment eine Übergangslösung zum Direkt-Fernsehsystem. Dieses
würde bedeuten, daß einer der Satelliten im 14/12 GHz-Frequenzbereich,
der für den Telekommunikationsverkehr entworfen wurde, für das Direkt-
Fernsehen nach 1982 verwendet würde.

Außerdem ist ein Programm von Definitionsstudien für ein mobiles Kom-
munikations-Satelliten-System angelaufen. Bedarfsstudien zeigten be-
trächtliche Anwendungsmöglichkeiten für ein derartiges System. Die ge-
waltige Größe der kanadischen Landmasse stellt besondere Bedingungen
für die Erforschung und den Abbau von Rohmaterialien in entlegenen Gebieten, für Katastrophenkontrolle oder für das Land-, Luft- und Wasser-
transportsystem.

Parallel zu den Erfahrungen in der Nutzung von Kommunikations-Satelli-
ten-Systemen und zu den Bedarfsstudien verfolgte die Regierung ein ak-
tives Programm zur Förderung der einheimischen Industrie. Forschung
und Entwicklungsaufträge wurden früh an die Industrie vergeben, und
eine nationale Prüfanstalt wurde kürzlich eingeweiht, die der Industrie
zur Verfügung steht.

Die kanadische Industrie ist jetzt Hauptvertragsnehmer für die nächste
Generation von Kommunikationssatelliten. Auf dem Bereich der Bodenstationen ist Kanada international wettbewerbsfähig für die größeren Typen. Für Direkt-Fernsehempfangsstationen werden im Moment Prototypen
ausgewertet, und ein größeres Entwicklungsprogramm für Bodenstationen
ist im Gange.

Wir sind überzeugt, daß in den nächsten Jahrzehnten sowohl die einhei-
mische Industrie als auch die Bevölkerung von der Weltraumtechnologie
weiterhin profitieren wird.

Current and Future Activities in the Field of Communication Satellites in Europe

P. Bartholomé
Noordwijk, The Netherlands

<u>OUTLINE OF ESA ACTIVITIES</u>

Activities in the field of communications satellites started at ESA in the early 1970s after a decision was taken by the Member States of the organisation (then called ESRO) to expand the scope of the programmes to include both scientific and applications missions. The first project was the development of OTS, an experimental and pre-operational satellite for communications in the frequency bands of 14/11 GHz. As the precursor of the future ECS satellites, OTS was launched in May 1978 and has since been used continuously by PTT administrations and many other experimenters /1/. Its useful lifetime is expected to be in excess of five years.

The ECS satellites which are derived from OTS will constitute the space segment of the EUTELSAT network which will serve mainly for intra-European trunk telephony traffic and for the transmission of television programmes within the framework of Eurovision exchanges.The first two satellites will be launched in 1982 and the network will become operational in 1983 with a dozen earth stations initially.

Other derivatives of OTS are the MARECS satellites which make use of the same platform but carry a different payload designed for communications with ships in UHF (1.5 GHz). ESA has proposed to lease the capacity of two MARECS satellites to the INMARSAT organisation. The first two flight units will be placed in orbit next year, one over the Atlantic Ocean and one over the Indian Ocean.

It has been obvious for some time that satellite systems, while very useful to support the traditional telecommunications services over transoceanic routes or between ships and continents, also offer an enormous potential for television broadcasting and for a variety of new services in view of the wide transmission capacity which they can make available to a large population scattered over a vast geographical area. Concurrently, a number of new requirements have emerged as a result of the evolution of the modern society. In the first place, the need for more information has been growing continuously as people become more and more aware of the fact that information is the key to efficiency. The second element of this evolution is the ever increasing use of computers in all sectors of activities and the need for high-speed links to interconnect them or to communicate with them. A third element is the growing pressure to reduce energy consumption by all appropriate means, one of which being to do business by video conferencing rather than by travelling.

EXPERIMENTS WITH OTS

In order to gain experience with satellite techniques for new applications, a number of relevant experiments are being carried out with OTS.

Although it is not designed for television broadcasting, OTS nevertheless offers interesting possibilities in this area. Transmissions of TV programmes through its high-gain spotbeam antenna with an EIRP of 45 dBW enable a useful signal to be received under most conditions with an antenna of 3 metres diameter and a sensitive receiver (G/T of 25 dB/K). Experiments of this kind are taking place daily; they have already allowed the European Broadcasting Union (EBU) and its members to make considerable progress in the definition of the techniques and standards to be adopted for the future satellite broadcasting systems.

In the data transmsision field, two experiments are currently in progress. The first one is called STELLA (Satellite Experiment Linking Laboratories). It concerns the transmission of large volumes of data at high speed from the European Centre for Nuclear Research (CERN) in Geneva, Switzerland to national high-energy physics laboratories in the Unitied Kingdom, Germany, Italy and France (Fig. 1). The main objective is to investigate and explore electronic data processing techniques associated with high-speed/high-quality data links connecting large data sources with distant computer centres.

The normal operation of the system in its present configuration is that data generated from physics experiments at CERN, recorded initially on magnetic tapes, are sent via the satellite to the home labora-

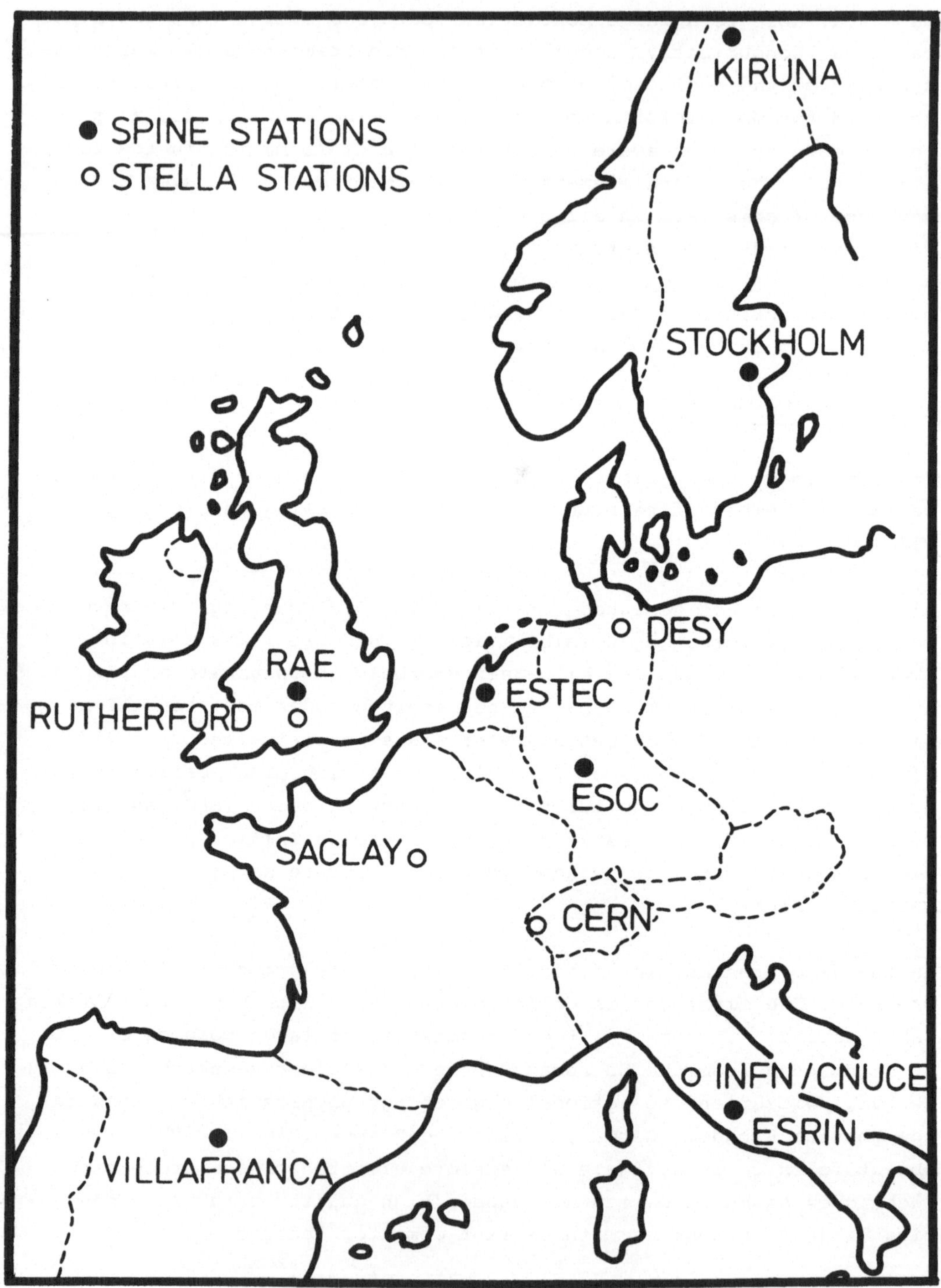

Fig. 1 - Location of SPINE and STELLA stations

tories regularly and with a short time delay. The data can then be
processed and evaluated in an equally short time under the control of
the physicists, so that all the participants in the experiment,
whether at CERN or at home, keep in close contact with its progress.
In this way, the long delays which occurred in the past between
collecting data and evaluating the results can be avoided and changes
of plan or corrective actions can be put rapidly into effect.

The second experiment, called SPINE (Space Informatics Network Experiment), has as its main objective the investigation of the uses of
satellite links for a broad spectrum of specialised services. SPINE
is not therefore designed around a single application but is rather
intended to serve as a test bench for different types of services.

The SPINE project originated as a proposal by ESA to carry out a data
communications experiment involving the main establishments of the
Agency where major computing facilities are available. Particular
emphasis is therefore placed on the investigation of high-speed data
transmission, protocols and interface standards with reference to
future European data networks. However, because of the interest raised
by the project outside ESA, the original proposal has developed into
a European project with participation of national organisations
(Fig. 1).

The main applications to be tested in SPINE can be divided into the
following broad categories :

(a)   Transmission of digital image information originating from data
      collected from Earth Observation satellites such as LANDSAT. The
      data will be transmitted from the receiving site of the Swedish
      Space Corporation in Kiruna to ESA's data base at ESRIN in
      Frascati near Rome. From there it will be retransmitted to parti-
      cipating establishments on request from customers.
(b)   Computer communications applications. Load and resource sharing
      experiments will use the satellite links to interconnect computer
      mainframe equipment.
(c)   Data base oriented applications. Real-time facsimile distribution
      of primary document material will be tested.

An experimental videoconference system using digital video-equipment
may also be set up between some of the participating establishments.

Both STELLA and SPINE make use of the same type of small earth terminals (antenna diameter : 3 m; EIRP : 68 dBW; G/T : 20 dB/K). The
transmission rate is 2 Mbit/s. The block diagram of a SPINE station
is illustrated in Figure 2.

EUROPEAN SPECIALISED SERVICES

In order to meet the future needs for specialised services of the
business community in Europe, ESA has proposed to EUTELSAT to modify
some of the ECS satellites now under construction and to equip them
with an additional payload comprising two dedicated transponder chains,
associated with an antenna of a new design whose beam would cover the
central part of Western Europe (Fig. 3). As far as the frequencies are
concerned, the uplinks would be in the lower part of the 14 GHz band,
while the downlinks would be in the 12.5 to 12.75 GHz band, both bands
being clear of terrestrial systems. With this modification, the ECS
satellites would enable the PTT administrations to start providing
specialised services on a European scale by means of space links
between earth stations with 5-metre antennas. The first modified
satellite would be placed in orbit by the end of 1982 so that the
service could begin in 1983.

THE L-SAT PROGRAMME

In 1976 ESA undertook a new programme whose aim was the development of
a TV broadcast satellite called H-SAT to be launched by the fourth
qualification model of ARIANE, LO4. This programme was discontinued
in 1979 when Germany and France decided to go their own way and to
develop jointly their satellites TV-SAT and TDF-1. The other member
states of ESA then requested the Agency to pursue its activities on a
broader basis. A new programme was initiated with the aim of developing a large satellite platform which would lend itself to the widest
possible range of applications and would enable European industry to
compete efficiently on the world markets.

The design of this platform, called L-SAT, evolved from the results
of a comprehensive survey made by ESA of the future needs of Europe
and of the world for the next fifteen years /2/. The conclusions
of this survey concerning the magnitude of the potential market was
that the total number of satellites would be of the order of 150.

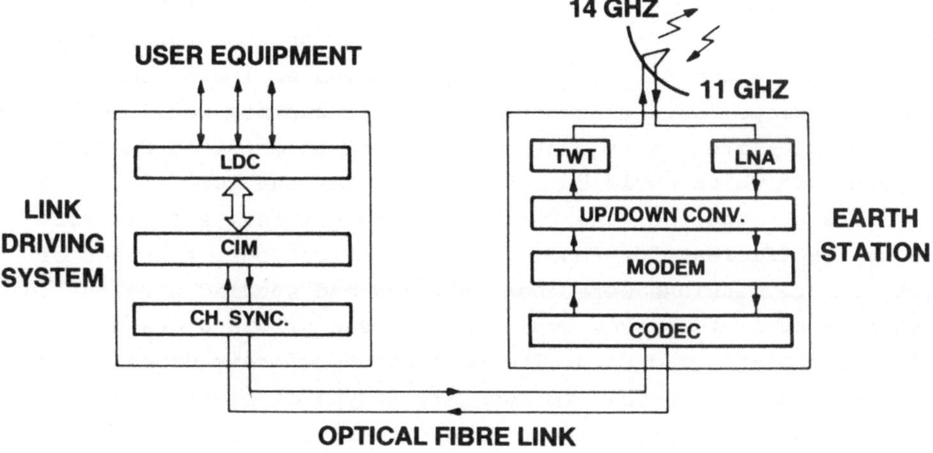

Fig. 2 - Block diagram of a SPINE station

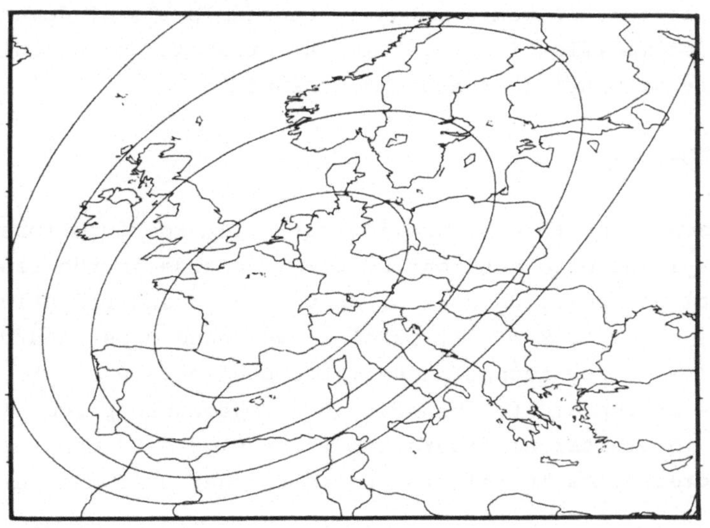

Fig. 3 - Coverage of ECS for Specialised Services

Considering that Europe could expect to sell in these future markets either because they are a protected domain or because European industry could gain a competitive advantage, it was estimated that the share that Europe could reasonably expect to capture would be between 35 and 60 satellites. With regard to the characteristics and size of the spacecraft which would be required to meet the identified requirements, it was found that the Delta-class satellites, such as ECS, would be insufficient for about 85 % of applications. A number of typical future missions were then selected and studied with the object of determining whether they could relate to a single class of large multipurpose platform design. The conclusions of this exercise were that it was indeed possible to identify a type of platform which would be able to support most of the forseen missions. This led to the initial specifications for the L-SAT Definition Phase, which have since been substantially confirmed by the Prime Contractor selected by ESA /3/.

Since certain possibly important missions or combinations of missions seem likely to exceed the mass/power envelope of this initial design, it was considered worthwhile to incorporate some growth potential in the concept so that it could match increased levels of demands with the minimum of modifications, particular attention being paid to compatibility with Ariane-4 and the US Shuttle.

L-SAT'S DESIGN OUTLINE

The platform will be able to provide basic service functions for communications payloads with sunlight DC power demands in the range of 2 to 7 kW with eclipse power demands of up to 3.5 kW and radiating-area requirements of up to 9 m^2. It is of an advanced mass- and cost-effective design, with new technologies introduced only where they have proved to be of fundamental benefit at a reasonable price. Figure 4 shows L-SAT in orbital configuration while Figure 5 shows its mass and power characteristics in relation to some other past and current designs.

The first flight model, whose launch with Ariane-3 is currently scheduled for the end of 1984, will be a demonstration satellite and will carry a multiple experimental and pre-operational payload consisting of the four elements described below.

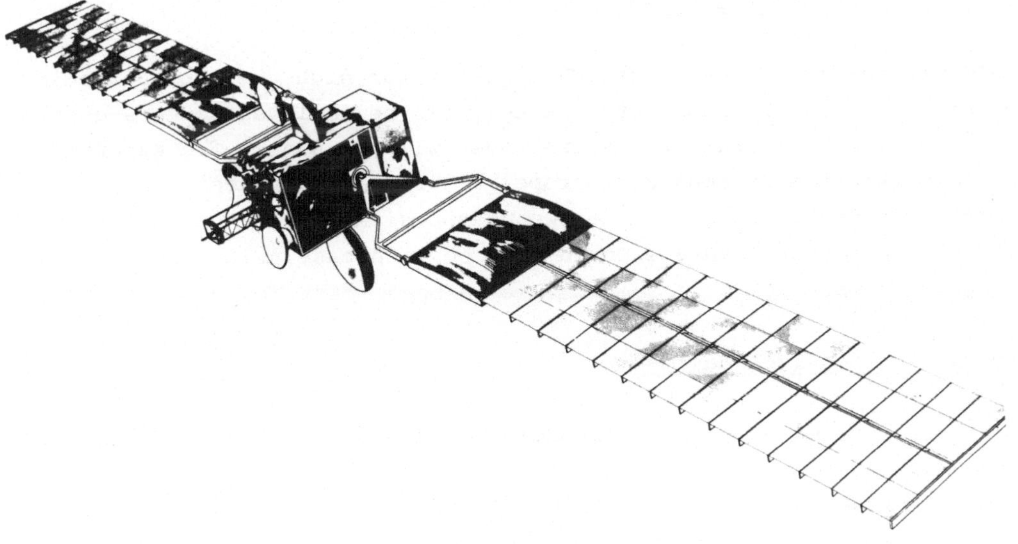

Fig. 4 - L-SAT in orbital configuration

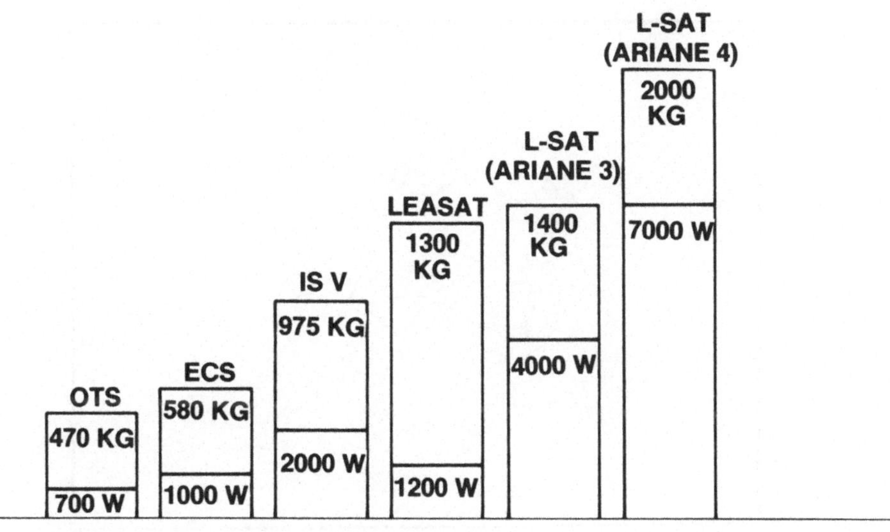

Fig. 5 -   In-orbit mass and power of L-SAT
           compared with   those of other satellites

Television broadcast payload

L-SAT will carry a two-channel TV repeater for high-power broadcasting
in the 11.7-12.5 GHz band. One channel will be employed for pre-operational services in Italy while the other will be usable for experiments
and demonstrations throughout Europe. Figure 6 illustrates typical
examples of the coverage of the two channels. A single Euro-programme
with full European coverage could also be broadcast using the two
channels in parallel.

Specialised services payload

An advanced repeater package involving a multibeam antenna associated
with a switching matrix will provide the facility to experiment with
second-generation concepts for specialised services employing small
terminals at 14/12 GHz on public or private premises. Figure 7 shows
the coverage which will be obtained with the multibeam antenna. This
concept is intended to prefigure future European systems in which the
entire continent would be covered by means of a cluster of spotbeams
as illustrated in Figure 8.

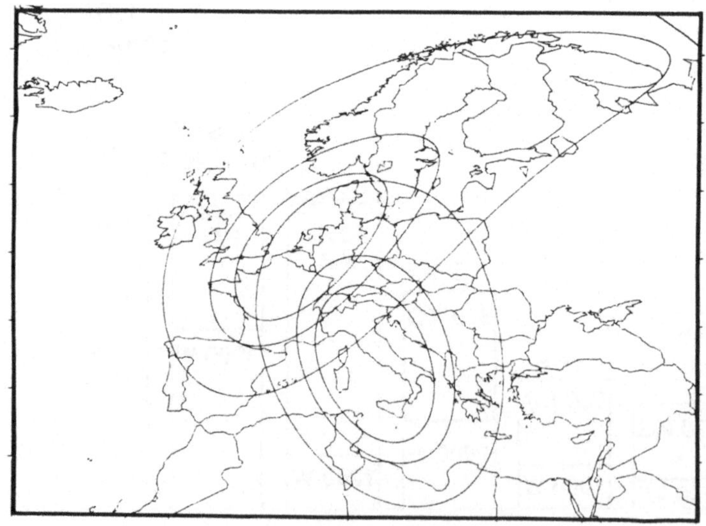

Fig. 6 - Typical coverage of L-SAT's two TV channels

Fig. 7 - Coverage of L-SAT for Specialised Services

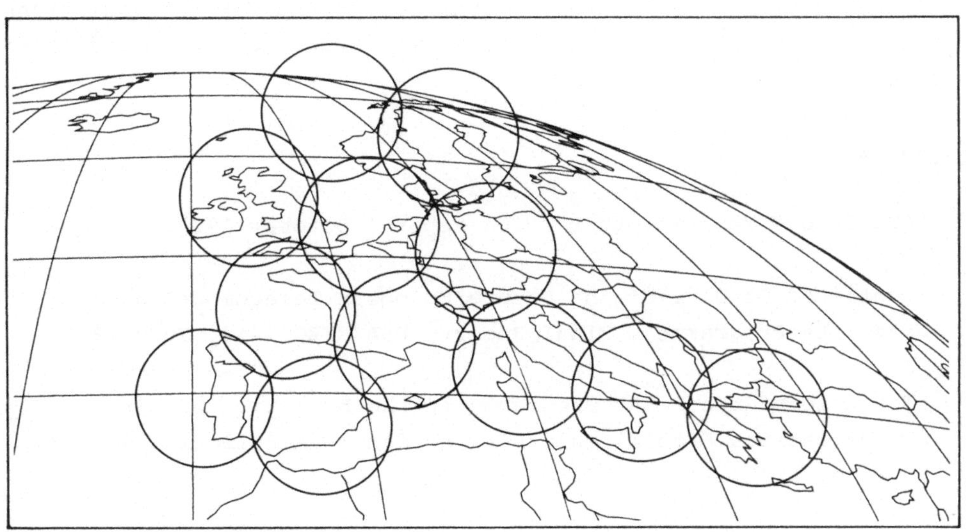

Fig. 8 - Multibeam coverage of Europe

<u>Communications transponder at 30/20 GHz</u>

In view of the predicted future use of the 20/30 GHz bands for the more spectrum consuming services, it is proposed to include a payload to develop the techniques and technology required for the utilisation of these high frequencies. It will incorporate three simple transponder channels with two fully steerable antennas.

<u>Beacons at 20/30 GHz</u>

To enable the scientific and communications community to obtain the propagation data needed for the design of future systems at 30/20 GHz, L-SAT will carry a dual-frequency beacon package giving European coverage.

<u>CONCLUDING REMARKS</u>

In addition to the current activities described above, ESA is engaged in a comprehensive programme of studies of future systems and of development of advanced technology for implementing these systems. Applications under active consideration include the next generations of EUTELSAT and INTELSAT systems, advanced systems for national trunk services and for mobile communications with ships, aircraft and land vehicles.

<u>REFERENCES</u>

1.   "OTS Second Year in Orbit", ESA Report, October 1980.

2.   "Continued Studies of the Future European Telecommunications Satellite Programme", Final Report, ESA/EXEC(79)3, July 1979.

3.   "The Role of the L-SAT Programme in the Evolution of European Communications Satellites", B.L. Herdan, ESA Bulletin, No. 24, November 1980.

Gegenwärtige und zukünftige Aktivitäten auf dem Gebiet der Nachrichtensatelliten in Europa

P. Bartholomé
Noordwijk, Niederlande

Die ESA ist seit Anfang der siebziger Jahre auf dem Gebiet der Nachrichtensatelliten tätig. Das erste Projekt war die Entwicklung von OTS, eines experimentellen und präoperationellen Satelliten im 14/11 GHz-Bereich als Vorläufer der zukünftigen europäischen ECS-Satelliten. Der OTS-Satellit wurde im Mai 1978 gestartet und wird seitdem von den Postverwaltungen und vielen anderen experimentell genutzt. Der ECS-Satellit, der eine Weiterentwicklung von OTS darstellt, wird im Raumsegment des EUTELSAT-Netzes sein, das innerhalb von Europa zum Weitverkehrstelefonverkehr und zum Fernsehprogrammaustausch der Eurovision genutzt werden soll. Die ersten beiden Satelliten werden 1982 gestartet werden. Andere Weiterentwicklungen von OTS sind die MARECS-Satelliten, welche die INMARSAT-Organisation zur weltweiten Kommunikation mit Schiffen ab 1982 benützen will.

Es wird immer offensichtlicher, daß Satellitensysteme ein enormes Potential für die Ausstrahlung von Fernsehen sowie eine breite Palette neuer Dienste bieten. Um die Erfahrungen mit der Satellitentechnik für neue Dienste zu verstärken, wird eine Vielzahl von sachdienlichen Experimenten mit OTS durchgeführt.

Obwohl OTS nicht für Fernsehanwendungen entwickelt wurde, bietet er trotzdem interessante Möglichkeiten auf diesem Gebiet. Die Ausstrahlung von Fernsehprogrammen durch Richtstrahl führt zu einem Signal, das in den meisten Fällen mit einer 3 m-Antenne empfangen werden kann. Experimente dieser Art werden gegenwärtig durchgeführt. Auf dem Gebiet der Datenübertragung, sind zwei Experimente zur Zeit in Ausführung. Das erste, mit Namen STELLA, betrifft die Aussendung großer Datenmengen mit einer Geschwindigkeit von 1 Mbit/s vom europäischen Nuklear-Zentrum   in Genf zu den nationalen Laboratorien der Hochenergiephysik in Großbritannien, Deutschland, Italien und Frankreich. Mit dem zweiten Experiment mit Namen SPINE, sollen die Möglichkeiten der Satellitenverbindungen für ein breites Spektrum spezieller Dienste untersucht werden. Beide, STELLA und SPINE, benutzen die gleiche Erdestation (3 m Antennendurchmesser). Bild 1 zeigt die Orte der

Organisation die an diesen Experimenten teilnehmen. Ein Blockschaltbild von SPINE zeigt Bild 2.

Um die zukünftigen Bedürfnisse der Geschäftswelt in Europa zu befriedigen, hat die ESA der EUTELSAT-Organisation vorgeschlagen einige ECS-
Satelliten, die zur Zeit konstruiert werden, zu modifizieren und sie
mit zusätzlicher Nutzlast auszustatten, die aus 2 Repeaterkanälen besteht. Diese zusätzlichen Kanäle sollen auf spezielle Dienste zuge-
schnitten sein und die in Bild 3 gezeigte Fläche bedienen können.
Damit könnte man durch Verbindungen zu Erdestationen mit Antennen von
5 m Durchmesser den europäischen Raum mit diesen Diensten versorgen.
Der erste modifizierte Satellit würde Ende 1982 im Orbit stationiert
werden.

Im Jahr 1976 entwarf die ESA ein neues Programm, dessen Ziel die Entwicklung eines Fernsehsatelliten mit Namen H-SAT war. Dieses Programm
wurde 1979 unterbrochen, als Deutschland und Frankreich sich entschieden, ihren eigenen Weg zu gehen und gemeinsam ihre TVBS-Satelli-
ten TV-SAT und TDF-1 zu entwickeln. Die anderen Mitgliedstaaten der
ESA beschlossen daraufhin, ihre Aktivitäten auf einer breiten Basis
fortzusetzen. Ein neues Programm wurde begonnen, mit dem Ziel, eine
große Satellitenplattform zu entwickeln, welche für eine Vielzahl
möglicher Anwendungen eingesetzt werden könnte und die europäische
Industrie in die Lage versetzen würde, leistungsfähig auf dem Welt-
markt zu konkurieren.

Der Entwurf dieser Plattform mit Namen L-SAT wurde aus einer Vorstu-
die der zukünftigen Bedürfnisse Europas und der Welt im nächsten Jahr-
zehnt entwickelt. L-SAT wird die doppelte Kapazität der ECS-Plattform
haben und wird zu Ariane 3 als auch zum Shuttle passen. L-SAT wird in
der Lage sein, Nutzlasten der INTELSAT-, EUTELSAT- und INMARSAT-Typen
sowie der TVBS-Typen zu tragen. Bild 4 zeigt L-SAT im betriebsbereiten
Zustand, während Bild 5 seine Maße und Leistungsmerkmale im Verhältnis
zu einigen früheren und zukünftigen Entwürfen angibt.

Die Konstruktion eines ersten Satelliten ist zur Zeit in Vorbereitung.
Dieser Satellit wird ein Demonstrationsmodell sein, der die Flexibilität, mit der diese Plattform an verschiedene Bedürfnisse angepaßt
werden kann, zeigt. Er wird vier verschiedene Nutzlasten tragen:

a) einen Fernsehrundfunk-Transponder mit 2 250W-Kanälen bei 12 GHz und steuerbaren Antennen (Bild 6);

b) eine fortschrittliche Nutzlast für spezielle Dienste bei 14/12 GHz einschließlich einer Vielfach-spot-beam-Antenne und einer Vermittlungseinrichtung im Satelliten (Bild 7);

c) eine Transpondereinheit bei 30/20 GHz für Kommunikationsexperimente bei diesen neuen Frequenzen;

d) eine Zweistrahleinheit im 20/30 GHz-Bereich für Ausbreitungsmessungen innerhalb Europas.

Es ist geplant, den ersten L-SAT Ende 1984 zu starten.

Satellitenkommunikation –
Freier Informationsfluß oder Protektionismus

U. Lohmar
Bonn-Bad Godesberg

Meine sehr verehrten Damen, meine Herren,

mir ist im Rahmen dieser Tagung die Aufgabe zugefallen, sozusagen die Steine
und das Geröll zu beschreiben, welche die freie Fahrt auf den europäischen,
speziell aber den deutschen Medienstraßen noch behindern. Gleichwohl will ich
es bei dieser Beschreibung nicht belassen, sondern auch meine Meinung dazu
sagen, wie wir vielleicht diese unwegsamen Strecken hier und da mit der einen
oder anderen grünen Ampel versehen könnten, was natürlich die Räumung der
Straßen voraussetzt.

Die europäische, besonders aber die deutsche Diskussion über die Möglichkeiten
der Kommunikation mit Hilfe auch von Satelliten - denn die Satelliten sind ja im
Kern nur eine neue Technik, aber kein neues medienpolitisches Problem - diese
Diskussion verläuft wie in einem Theaterstück, in dem die Schauspieler hinter
einem beinahe durchsichtigen Vorhang agieren. Man sieht ihre Schattenrisse, erkennt sie aber nicht deutlich und weiß trotzdem einigermaßen genau, was sich auf
der Bühne dahin oder dorthin bewegt, wer in der Ecke verharrt oder gar nicht
sichtbar werden will.

Das ist ein ungewöhnlicher Vorgang, weil Politiker normalerweise die öffentliche
Bühne suchen und auch wirtschaftliche Unternehmen neue expansive Märkte oft
mit hilfreicher Publizität angehen.

Öffentlichkeit geschieht dafür seit einiger Zeit umso mehr in den Vereinigten
Staaten von Nordamerika. Dort ist vor kurzem eine medienpolitische Grundent-
scheidung zu Gunsten der "Deregulation" durch die "Federal Communication
Commission" gefallen. Das heißt: Nicht noch mehr Vorschriften, sondern weniger
Vorschriften oder keine. Und dies bedeutet, daß jeder Amerikaner mehr noch
als bisher in sehr vielen Medien das lesen, hören oder sehen kann, was er sich
aussucht.

Außerdem erhofften sich die Amerikaner von der Vermeidung medienstruktureller
Vorschriften eine Belebung des technischen, ökonomischen und publizistischen
Wettbewerbs auf ihrem Kontinent. Zwischen Allmacht und Ohnmacht des Staates
in der Medienpolitik gestellt, haben sich die USA für die Ohnmacht entschieden,
weil sie hoffen, daß gerade daraus neue Macht nach außen und Vielfalt und Freiheit
der Wahl nach innen entstehen.

Diesen politischen und zugleich demokratischen Grundgedanken sollten wir in
Europa aufnehmen und diskutieren, ohne damit gleich die amerikanische Werbe-
komik mit zu übernehmen.

Auch im europäischen Maßstab zeichnen sich die Umrisse politischer und ökonomischer Projektionen allmählich ab. Die Wellenkonferenzen von 1977 und 1979
haben den technischen Handlungsrahmen abgesteckt, in dem sich die europäischen
Staaten bewegen können, denn der Zuteilungsschlüssel für die Satellitenbereiche
sind unsere souveränen Staaten. Die Staaten können von den ihnen zugewiesenen
Satellitenbereichen einen weithin beliebigen Gebrauch machen. Sie können sie selber
nutzen, vermieten, in öffentlich-rechtlicher Weise betreiben oder auch an private
Interessenten vergeben. Über Satelliten ausgestrahlte Programme kosten wie die
bisherigen terrestrisch beförderten Programme viel Geld, und die erforderlichen
Einnahmen erhoffen sich viele der Satelliten-Interessenten aus der Werbung. Weil
das so ist, beobachten wir zur Zeit einen Wettlauf um den frühest möglichen Zeitpunkt, wo der eine oder andere Satellit seine Fernsehprogramme abstrahlen wird.
Die Auseinandersetzung um Umfang, Inhalt, ökonomische Ausmaße und vor allem
politische Restriktionen bei der Werbung über Satelliten dürfte mit großer Härte
geführt werden. Eine wichtige Frage dabei ist, ob Werbung als Ware oder als Information gewertet wird.

So hat sich z. B. in der Schweiz die TELSAT AG gebildet und erhofft von der
Schweizer Bundesregierung die erbetenen Konzessionen für die Nutzung eines
schweizerischen Satellitenbereichs. Vorsorglich haben die Schweizer für 1983
zwei Plätze auf der Trägerrakete ARIANE angemietet, die für die dann folgenden
Jahre ausgebucht sein soll - vorausgesetzt, daß diese Kreuzung zwischen dem
gallischen Hahn und dem deutschen Adler ihren sicheren Weg in den Weltraum
findet.

Die Schweizer jedenfalls wollen nur dann starten, wenn Radio Luxemburg ihnen
zeitlich nicht den Rang abläuft. Sollte dies der Fall sein, dann wollen die Schweizer
ihr Unternehmen sterben lassen, denn sie meinen, daß nur der erste Satelliten-
nutzer über West- und Mitteleuropa eine ökonomische Chance habe, sich genügend
Werbeeinnahmen sichern zu können - in den gleichen Zonen und Überschneidungs-
bereichen versteht sich. Gehen die Schweizer aber als erste durchs Ziel wollen
sie - dem Vernehmen nach - stündlich 7 Minuten Werbung in ihre Programme
einfügen. Bis zu 2.000 Mitarbeiter sollen dann in der Nähe von Basel eine Satelliten-
orientierte Arbeitsstätte finden. Viel weniger präzise sind die Angaben, die man
von Radio Luxemburg hört. Da wird von etwa 40 Minuten täglicher geplanter Werbe-
zeit gemunkelt. Das wäre doppelt so viel, wie ARD und ZDF heute jeweils anbieten.
Produktionsstätten haben oder planen die Luxemburger wie die Schweizer.

Die Franzosen wiederum haben mit den Deutschen ein Abkommen geschlossen,
dessen nichttechnische Dimensionen außerordentlich auslegbar sind. Denn interessant erscheint daneben die in Frankreich angestellte Programmüberlegung, Radio
Monte Carlo, Europa I und RTL zusammenzufassen und dann ein gemeinsames
europäisches Programm auszustrahlen, welches im Kern natürlich ein franzö-
siches Angebot wäre.

Inhaltlich am meisten Zeit lassen sich die Deutschen. Während die Schweiz sich
nur dann eine Chance gegenüber RTL ausrechnet, wenn sie mit der Programm-
ausstrahlung 1984 beginnen kann, verharrt die Bundesrepublik in den Jahren 1983
und 1984 auch technisch noch in der Vorbereitungsphase. Mit der sogenannten
operationellen Phase rechnet man hierzulande 1986 oder 1987. Und wenn dann die
anderen schon da sein sollten, kommt man entweder teilweise zu spät oder man
muß sich mit anderen Mitteln als denen eines freien Wettbewerbs seinen Platz
am Satellitenhimmel erkämpfen. Dabei geht es auch bei den Deutschen um fünf
mögliche Programme: eines für das Fernsehen der ARD, eines für das des ZDF,
eines für den Hörfunk, eines für ein noch unscharfes europäisches Programm oder
aber für die dritten Programme und ein fünftes, wofür sich noch kein erkennbarer
Interessent gemeldet hat, der zugleich die Chance hätte, eine Lizenz zu erhalten.

Faßt man die europäischen Medienlandschaft im ganzen ins Auge, dann läßt sich
beobachten, daß die kleinen Länder auch die Sorge haben, von den Informations-
angeboten der großen Länder überflutet zu werden. Das erklärt die Aktivitäten
in der Schweiz, in Luxemburg, aber auch in Skandinavien zu einem guten Teil.

Inhaltlich gilt dabei für die europäischen Länder im Satellitenbereich das, was im
Korb 3 der Schlußakte von Helsinki - hier in der Ziffer 2 - festgelegt worden ist.
Ich zitiere: "die freie und umfassende Verbreitung von Informationen aller Art."
Für jedermann erkennbar, kam dieses Konzept jedoch schon bei der Vergabe der je
fünf Satellitenbereiche über nationale Verteilungsgrenzen nicht hinweg. Damit nicht
genug: Die souveränen Staaten in Europa haben mit ihren Satellitenbereichen auch
durchaus Unterschiedliches vor, und sie verstehen unter "Informationen aller Art"
keineswegs das gleiche. Hinzu kommt, daß multinationale Unternehmen ihre
eigenen, vor allem ökonomische Interessen mit Hilfe der Satelliten einbringen
wollen. Die IBM beispielsweise betreibt zur Zeit drei Versuchssatelliten, und
für die Druckmedien - um nur ein weiteres Beispiel zu nennen - wäre es schon
interessant, daß Druckplatten in Sekunden von Deutschland in die USA oder umgekehrt übermittelt werden könnten. Die praktisch gleichzeitige Herstellung von
Druckerzeugnissen in verschiedenen Kontinenten wäre möglich. Das Flugzeug als
vorsintflutliches Transportmittel wäre in diesem Zusammenhang sozusagen ar-
beitslos.

Im Ganzen, bezogen auch auf die Satellitenfrage, könnte der amerikanische
Soziologe Daniel Bell mit seiner Anmerkung Recht behalten, die Staaten unserer
Welt seien oft zu groß für die kleinen Probleme und zu klein für die großen.

Die deutsche Bundesregierung will nun den Versuch unternehmen, in diese ver-
wirrende Vielfalt von Interessen, Rechten und Möglichkeiten mit Hilfe einer
"Europäischen Rundfunkkonvention" Klarheit und Ordnung zu bringen, ein urdeut-
sches Anliegen. Im Februar 1980 erklärte sie dazu im Deutschen Bundestag:
"Die Bundesregierung ist sich der Tatsache bewußt, daß die neuen Medien mit
ihren Möglichkeiten und Eigenarten nicht ausschließlich unter innerstaatlichen
Gesichtspunkten, sondern auch unter internationalen Aspekten und Perspektiven
untersucht und eingeschätzt werden müssen. Sie wird hierbei weiterhin an den
Prinzipien der weltweiten Informationsfreiheit und des ungehinderten grenzüberschreitenden Informationsflusses festhalten. Sie setzt sich für eine Europäische
Rundfunkkonvention ein, die die Freiheit der Information und Kommunikation im
internationalen Bereich gewährleistet, aber die Beeinträchtigung nationaler
Medienstrukturen durch Fremdkommerzialisierung verhindert."

Sieht man von dem leichten Pathos dieser Erklärung einmal ab, so wird deutlich,
daß die politische Grundmelodie allein im letzten Halbsatz anklingt. Eine Beein-

trächtigung nationaler Medienstrukturen durch Fremdkommerzialisierung soll verhindert werden. Im Klartext: Die Bundesregierung befürchtet die wirtschaftliche Unterminierung der öffentlich-rechtlichen Rundfunkanstalten in Deutschland durch kommerziell genutzte Satelliten von Seiten der Nachbarländer. Sie hat dabei leider nicht verraten, wodurch sich eine Fremdkommerzialisierung von einer normalen Kommerzialisierung unterscheidet. Dies bei Gelegenheit zu erfahren würde der Präzision der Diskussion sicherlich zugute kommen. Ist "fremd" das, was von den Nachbarn kommt? Wird dieses Fremde dadurch einheimisch, wenn es über einen deutschen Satellitenkanal abgestrahlt wird? Geht es bei dem Fremden um Inhalt oder um Geld? Geht es um Programm oder Werbung?

Die Position der Deutschen Bundesregierung ist natürlich nicht abstrakt zu erklären. Sie wird erheblich dadurch beeinflußt, daß diese Erklärung die medienpolitischen Interessen der deutschen Sozialdemokratie und der deutschen Gewerkschaften einbezieht. Allein in öffentlich-rechtlichen Mediensystemen können sich beide eine Chance der Mitwirkung und Kontrolle erhalten. Daß sie diese Chance nicht aufgeben wollen, ist aus der historischen Entwicklung der europäischen Arbeiterbewegung, speziell auch der deutschen, zu erklären. Sie hat eher und stärker im öffentlichen als im privaten Bereich der Gesellschaft sozial und politisch Fuß fassen können, und jedermann verläßt sich auf seine eigenen Erfahrungen lieber als auf die Ratschläge anderer. In privat betriebenen Systemen wurde für die SPD und für die Gewerkschaften dieser öffentlich abgeschirmte Zugriff entfallen, und der Tendenzschutz in der Bundesrepublik verriegelt hier außerdem den anderen Weg, um zu einer nennenswerten Einflußnahme zu gelangen, den über die Mitbestimmung.

Gleichwohl, vermute ich, wird sich die Bundesregierung schwer tun, die angestrebte Europäische Rundfunkkonvention zustande zu bringen. Denn ihr eigener, ihr eigenständiger Handlungsspielraum ist außerordentlich gering. Die sogenannte Lindauer Absprache zwischen Bund und Ländern aus dem Jahre 1957 sichert jedem einzelnen Bundesland unserer Republik eine Art Vetorecht in diesen Fragen, so daß eigentlich eine Allparteienkoalition in der Bundesrepublik Deutschland die politische Voraussetzung dafür ist, den europäischen Nachbarstaaten überhaupt ein verbindliches deutsches Verhandlungsangebot zu unterbreiten.

Staatssekretär von Schoeler vom Bundesministerium des Innern hat im Oktober 1980 auf einer Tagung der "Stiftung für Kommunikationsforschung" in Bonn dies als eine Herausforderung an den kooperativen Föderalismus bezeichnet. So ist es wohl: Keiner kann in unserem Land am anderen vorbei, so wie zwei Skorpione in

nur einer einzigen Flasche. Die Kenntnis dieser verfassungsrechtlichen Situation
wird unsere Nachbarländer wohl davor bewahren, in der vorgeschlagenen Konvention vorerst mehr als nur einen verbalen Kraftakt zu sehen.

Für uns in der Bundesrepublik aber bedeutet das verfassungsrechtlich vorgegebene
Aufeinanderangewiesensein, die Zeit der medienpolitischen Blockadeschlachten
endlich zu beenden und nach einem Kompromiß Ausschau zu halten. Es gibt in der
medienpolitischen Realität in unserem Lande, aufs Ganze gesehen, nur den Status
quo oder den Kompromiß. Der Status quo bedeutet Rückschritt in technischer,
ökonomischer und publizistischer Hinsicht. Der Kompromiß kann uns den Anschluß
an den internationalen Medienmarkt noch öffnen. Wir behalten dafür allerdings
nicht sehr viel Zeit.

Bundesminister <u>Hauff</u> hat sich jedoch vorerst auf eine andere Argumentationsebene
begeben. In einem Vortrag vor der Friedrich-Ebert-Stiftung im Juni 1980 bezog
er sich auf zwei Urteile des Gerichtshofs der Europäischen Gemeinschaften, die
den souveränen Staaten die Regulierung von Fremdwerbung gestatten und auch
das Urheberrecht und die Medienstrukturen in der nationalen Kompetenz belassen
- bis zu dem Zeitpunkt, wo eine europäische Regelung in Kraft treten sollte. Wie
es um deren Chancen bestellt ist, auch aus deutscher verfassungsrechtlicher Sicht,
habe ich skizziert.

Und da es hier tatsächlich um die wirtschaftliche Existenz von ARD und ZDF geht,
wird die Bundesregierung sich wohl einstweilen lieber mit dem Gerichtshof der
Europäischen Gemeinschaften verbünden. Immerhin können die beiden deutschen
Rundfunkanstalten auf gut 1,5 Mrd. Mark, die sie zwar nicht aus fremdkommer-
ziellen, aber doch aus nationalkommerziellen Werbeeinnahmen pro Jahr erzielen,
nicht verzichten, wenn sie ihre Arbeitsmöglichkeiten behalten wollen.

Doch die medienpolitische, juristisch abgedeckte Defensive enthält keine Perspektive
nach vorn, und genau das ist die Kernfrage auch bei der Kommunikation über
Satelliten. Im übrigen: Was mit den möglichen Werbeeinnahmen in zehn Jahren
oder später einmal geschieht, weiß heute ohnehin niemand zu sagen. Die Aufwendungen der werbetreibenden Wirtschaft für die Hörfunk- und die Fernsehwerbung
richten sich ja nach den Einschaltquoten. Bundesminister <u>Hauff</u> schätzt, daß etwa
1990 mehr als die Hälfte aller deutschen Haushalte über einen Videorecorder verfügen werden, der es ihnen erlaubt, besonders geschätzte Fernsehsendungen für
den privaten Gebrauch aufzuzeichnen oder zu kaufen. Dann werden sich viele Fern-
sehzuschauer ihre Abende wohl immer häufiger mit den Filmen aus der hauseigenen

Videothek gestalten und auf die Angebote jeweils täglich ausgestrahlter Fernsehprogramme verzichten. Anders gesagt: Die Einschaltquoten könnten sich in genau
dem Maße zurück entwickeln, wie mit Hilfe der Videorecorder oder der Bildplatten
ein neuer, wirklich privater Fernsehmarkt entsteht. Und was machen ARD und ZDF,
wenn sie die heute noch relativ preiswerten Hollywood-Unterhaltungsstreifen - sozusagen öffentlich-rechtlich eingedeutscht - dann sehr viel teurer bezahlen müssen,
weil die Hollywood-Produzenten sonst ihre Filme in Form von Videokassetten oder
Bildplatten dem Endverbraucher direkt verkaufen und das Transportmittel Fernsehen auf diese Weise sparen können?

Eine interessante Frage in der Medienentwicklung wird auch sein, was die Bundespost eines Tages mit den terrestrischen Netzen macht, die ARD und ZDF ihr vermutlich dann zurück geben werden, wenn sie ihre Programme über Satelliten ausstrahlen können. Werden die dritten Programme über diese Netze angeboten?
Wird man sie für eine person-to-person-Kommunikation freigeben und nutzen?
Werden sie für ein lokales Fernsehen verfügbar? Gibt es dann eine Kooperation
von lokalen Zeitungen und lokalem Fernsehen? Oder aber brauchen wir die
terrestrischen Netze auch nach dem Start der Satellitenkommunikation als eine
Art Reserverad unseres neuen Kommunikationsautos, Marke "Satellit"?

Und ganz nebenbei, nach welchen rechtlichen Vorgaben sollen denn die Satelliten-
parkplätze am Himmel hier oder da vergeben und besetzt werden? Oder was ist,
wenn z. B. die einfallsreiche Regierung von Malta einen ihrer Satellitenbereiche
zur Bestrahlung Südeuropas etwa dem Iran zur Verfügung stellt oder den Taiwan-
Chinesen oder dem grünen Gott aus Libyen? Rechtlich läßt sich gegen die meisten
Unternehmungen im Satellitenbereich deshalb wenig ausrichten, weil es keine
rechtliche Instanz gibt, die zur Klärung und Entscheidung der Verletzung von
Vereinbarungen auf den Wellenkonferenzen oder deren Auslegung kompetent wäre.
Das ist ein Tatbestand, der nicht nur Juristen beunruhigen kann.

Man sieht, die Kommunikation über Satelliten und auch andere Medien enthält viel
Unwägbares und noch Ungeklärtes. Zudem geht es in der bisherigen Diskussion
sehr viel mehr um Distribution als um vielfältige Information oder gar Kommunikation. Hoffen wir, daß dabei letzten Endes eine angenehme Musik für uns alle
entsteht. Denn unsere Medien können alle miteinander nur ein Orchester bilden.
Der Taktstock aber liegt nach wie vor in den Händen der Politik. Und hier, meine
ich, müssen sich alle sehr bald auf den Takt verständigen, der die Grundmelodie
unseres Medienorchesters anschlagen soll.

Satellite Communication –
Free Flow of Information or Protectionism?

U. Lohmar
Bonn-Bad Godesberg, Germany

Individual states are free to employ the satellite frequencies
assigned to them at the 1977 and 1979 wavelength conferences
as they wish. Since the programmes broadcast via satellite are
to be financed entirely or mainly from the proceeds of advertising, competition has already started to commence satellite
transmission at the earliest possible date. Switzerland, Luxem-
bourg and France are more or less openly competing here and
the Germans have fallen about one or two years behind these
countries in their technical and practical planning in regard
to the use of radio and television satellites.

The Government of the Federal Republic of Germany favours a
European radio convention. However, the stipulations of the
1957 Lindau agreement require the prior approval of all the
Länder in the FRG before such a convention can be called, so
that its chances can only be assessed as extremely slight. The
Government of the FRG is therefore endeavouring to defend the
jurisdiction of the individual states in regard to copyright
law, advertising and media structure with the aid of judgments
so far passed by the Court of Justice of the European Communities.

The economic projections on the possible advertising income
available to finance satellite programmes differ considerably.
During the nineties it is possible that the viewer ratings
for TV programmes could fall drastically due to the growing
"private" video market. This would in turn effect commercial
advertising and accordingly the financing of satellite programmes as well. Further more, the possible later use of the
earthbound networks after satellite broadcasting of TV programmes has been introduced still requires clarification.
Are they then to be used for local television, for person-to-
person communication or as a reserve setup in the event of
the breakdown of satellite television?

The exploitation of the possibilities offered by satellite
communication has still not been legally regulated, since
there is no court recognized as competent to decide on questions
relating to the observation and interpretation of the rulings
of the Geneva wavelength conferences.

Das deutsch-französische Fernsehrundfunk-Satellitenprojekt

W. Finke
Bonn

Am 29. April 1980 wurde zwischen den Regierungen der Bundesrepublik
Deutschland und der Französischen Republik ein Abkommen über die technisch-industrielle Zusammenarbeit auf dem Gebiet von Rundfunksatelliten geschlossen. Die Unterzeichnung dieses Abkommens in Paris bildete
den Abschluß von Verhandlungen, die nach zahlreichen vorbereitenden
Gesprächen Mitte 1979 begonnen worden waren und in den ersten Monaten
dieses Jahres eine besondere Intensität erlangt hatten.

Das Abkommen hat die technisch-industrielle Zusammenarbeit der beiden
Länder auf dem Gebiet von Rundfunk-Satelliten zum Gegenstand. Es regelt nicht die Fragen des eigentlichen Betriebs dieser Satelliten und
auch nicht die damit verbundenen medienpolitischen Fragen. Zu den
letzteren stellt das Abkommen lediglich als Eingangserwägung in der
Präambel fest, durch die gemeinsame Entwicklung von Rundfunk-Satelliten und ihre präoperationelle Erprobung die jeweiligen medienpolitischen Entwicklungen in den beiden Ländern und in den internationalen
Beziehungen nicht zu präjudizieren. Der Zweck des Abkommens ist ein
technisch-industrieller, und zwar in doppelter Hinsicht:

- Einmal regelt das Abkommen gleichsam als ersten konkreten Schritt
  auf dem Wege zu ausgereiften Rundfunk-Satelliten-Systemen die gemeinsame Entwicklung und Herstellung von zwei weitgehend baugleichen
  Satelliten und ihre Plazierung in einer geostationären Umlaufbahn
  unter Zuhilfenahme von ARIANE-Trägerraketen,

- zum anderen legt das Abkommen das Fundament für eine langfristige
  technische und industrielle Zusammenarbeit beider Länder auf dem Gebiet der Rundfunk-Satelliten im Hinblick sowohl auf den eigenen Bedarf als auch für den Export, wobei zunächst von einer zehnjährigen
  Vertragsdauer ausgegangen wird, die jeweils um weitere fünf Jahre
  verlängert werden kann.

Es braucht nicht verschwiegen zu werden, daß zu Beginn der Verhandlungen die deutsche Seite besonderes Gewicht auf den ersten Punkt,
die französische auf den zweiten legte. Der deutschen Verhandlungs-
delegation kam es in dieser Phase hauptsächlich darauf an, auf der
Grundlage der in der Bundesrepublik geleisteten technischen Vorarbeiten möglichst schnell zu einer Absprache über die unmittelbar zu lö-
senden Fragen für den gemeinsamen Bau der ersten, noch präoperationellen Satelliten zu kommen. Sie war geneigt, die weitere Entwicklung
erst später und im Lichte der in der ersten Stufe gewonnenen Erfahrungen zu regeln. Die französische Delegation legte umgekehrt das Gewicht zunächst besonders auf das Element der langfristigen Zusammenarbeit und der langfristigen Gemeinsamkeit im Export und betrachtete
die zeitlich voranzustellende technische Entwicklung als eine zwar
notwendige, aber keineswegs schon hinreichende Bedingung. Mit anderen
Worten: Den Deutschen ging es anfangs primär um die gemeinsame technische Entwicklung, den Franzosen um das gemeinsame industrielle Potential.

Selbstverständlich war dabei Franzosen wie Deutschen stets klar, daß
am Ende technische Entwicklung und industrielles Potential zusammen-
kommen müßten, wenn das Ganze ein Erfolg werden sollte. Aber die Aus-
gangsperspektive war unterschiedlich, und es bedurfte langer und zäher
Verhandlungen bis eine gemeinsame Linie gefunden war, die beiden Aspekten in ausgewogener Weise Rechnung trug. Den Regierungen ist dieser
Ausgleich schließlich gelungen. Die beteiligten Industrieunternehmen
beider Länder müssen ihn noch endgültig finden und in eine feste Form
bringen. Im gegenwärtigen Zeitpunkt wäre es mir persönlich allerdings
lieber, wenn die Verantwortlichen in der Industrie ihr Augenmerk weniger auf den Ausgleich zwischen ihrer nahen entwicklungstechnischen
Zukunft und ihrer langfristigen industriellen Kooperation richten würden, sondern wenn sie sich statt dessen zuerst einmal gemeinsam mit
aller Kraft bemühten, das in belastbare Angebote für faßbare technische Lieferungen und Leistungen umzusetzen, was in früheren Verspre-
chungen, Projektionen und Präsentationen seitens der Industrie zur
Grundlage des bilateralen Abkommens der Staaten gedient hat.

Das Abkommen sieht zwei möglichst baugleiche Satelliten vor, von denen
der eine das Gebiet der Bundesrepublik Deutschland und der andere das
Gebiet der Französischen Republik (mit Ausnahme der überseeischen Territorien) gleichzeitig auf je drei Fernsehkanälen mit Fernseh- oder
Stereoton-Rundfunkprogrammen versorgen kann. Dabei sollen die 1977 von

der weltweiten Funkverwaltungskonferenz festgelegten Bedingungen für
den Satellitenrundfunk genau beachtet, die damit gegebenen Möglichkeiten aber auch weitestgehend ausgenutzt werden.

Zu den Festlegungen von WARC 77 für unsere Region gehören bekanntlich
der Satellitenstandort - für beide Länder 19° West -, die Zahl - nämlich je fünf - und die Mittenfrequenzen der je 27 MHz breiten Kanäle
im Bereich zwischen 11,7 und 12,0 GHz sowie die zugehörigen Obergren-
zen der effektiv abgestrahlten Sendeleistungen (63,8 - 65,7 dBW), die
Polarisation der Sendesignale, die Ausleuchtzonen der Satelliten und
die zulässigen Ausrichtfehler der Satellitenantennen. Bisher nicht
durch WARC festgelegt sind die Frequenzen für die Aufwärtsstrecke von
der Bodenstation zum Satelliten. Deshalb wurden diese Frequenzen aufgrund der bisherigen WARC-Erörterungen von den Vertragsparteien bestimmt (17,3 bis 18,1 GHz).

Der technische Anhang zum Abkommen enthält weitere Einzelheiten, von
denen ich hier nur drei erwähnen möchte: Erstens sind beide Satelliten mit je fünf Kanälen auszustatten, von denen aber jeweils nur drei
gleichzeitig betrieben werden sollen; zweitens müssen die Satelliten
für eine Lebensdauer von sieben Jahren ausgelegt werden; drittens
sind Dreiachsenstabilisierung und modulare Bauweise vorgeschrieben.
Das Abkommen sieht ferner vor, daß Teile für einen dritten Satelliten
in dem Umfang bereitzustellen sind, daß im Falle eines Fehlschlags
eines der beiden ersten Satelliten möglichst rasch und längstens innerhalb von 18 Monaten ein Ersatzsatellit gestartet werden kann. Die
besondere Schwierigkeit hierbei besteht darin, daß die beiden ersten
Satelliten zwar weitgehend baugleich sein sollen, aber wegen der unterschiedlichen fernmeldetechnischen Anforderungen nicht völlig baugleich sein können. Als Startzeitpunkt sind im Abkommen die Jahre
1983/84 genannt, als Startvehikel Trägerraketen vom Typ ARIANE.

Nach der endgültigen Positionierung der beiden Satelliten in 36.000 km
Höhe über der Mitte des Atlantik - ungefähr auf halbem Wege zwischen
Monrovia und Recife-Pernambuco - sollen von den für den Satellitenbe-
trieb zuständigen Verwaltungen, das sind die Deutsche Bundespost und
die Télédiffusion de France, für mindestens zwei Jahre Betriebsversuche durchgeführt und die gewonnenen Erfahrungen ausgetauscht werden.
Worin die Betriebsversuche bestehen sollen, ist im Abkommen nicht
festgelegt. Man wird aber davon ausgehen dürfen, daß am Anfang rein
technische Messungen und Versuche im Vordergrund stehen werden und

daß die Übertragung von Programmen erst an zweiter Stelle kommen wird.
Man wird weiter unterstellen dürfen, daß es sich bei derartigen Programmen während der mindestens zweijährigen Erprobungsphase nicht um
eigens hergestellte Programme handeln wird, zumal der Kreis derer, die
diese Programme empfangen können, ziemlich klein sein dürfte. Gleichwohl sind diese Satelliten im Unterschied zu allen bisher verwirklich-
ten oder geplanten Rundfunksatelliten keine Experimentalsatelliten;
sie sind vielmehr so ausgelegt, daß sie zu einem freilich auf drei
aktive Kanäle begrenzten, im übrigen aber voll funktionsfähigen Element eines operationellen satellitengestützten Rundfunksystems werden
könnten - und möglicherweise bei erfolgreichem Verlauf der vorgesehe-
nen Betriebsversuche auch tatsächlich werden.

Die Kosten für die Entwicklung und Herstellung der beiden Satelliten
und der erwähnten Teile für einen dritten sind im Finanziellen Anhang
des Abkommens auf der Grundlage der wirtschaftlichen Bedingungen von
Mitte 1980 mit 555 Millionen französische Franken und 281 Millionen
Deutsche Mark als Obergrenze festgelegt, das entspricht insgesamt
520 Millionen Deutsche Mark und einem Verhältnis von 46 zu 54 zwischen
Franken- und DM-Beträgen bzw. zwischen französischen und deutschen
Lieferanteilen. Die Finanzierung wird im Verhältnis 50 zu 50 von beiden Vertragspartnern aufgebracht. Die Finanzierung der Träger muß von
jedem Land selbst getragen werden. Sie dürfte für beide ARIANE-Raketen
zusammen beim selben Preisstand Mitte 1980 etwa 170 Mio DM erfordern;
die deutsche Industrie wird davon über ihren Lieferanteil etwa 30 bis
33 Mio DM zurückerhalten und die französische den Gegenwert von rund
100 Mio DM. Satelliten und Trägerraketen zusammen erbringen damit für
die deutsche Industrie ein Liefervolumen von 310 bis 315 Mio DM und
für die französische von knapp 340 Mio DM und sie werden für die deutsche und die französische Seite Aufwendungen in ungefähr gleicher Höhe,
nämlich von je rund 350 Mio DM erfordern. Bei den Angaben über die
beiderseitigen Liefervolumina für die Satelliten ist allerdings nicht
berücksichtigt, daß Lieferaufträge in beiderseitigem Einvernehmen auch
an Unternehmen dritter Länder vergeben werden können. Eine endgültige
Entscheidung hierüber kann aber erst nach Auswertung der noch laufenden Ausschreibungen, an denen auch Unternehmen dritter Länder teilnehmen, gefällt werden.

Die Vergabe des gesamten Satellitenauftrags ist zu Festpreisen an ein
deutsch-französisches Firmenkonsortium vorgesehen, das seinen Sitz in
der Bundesrepublik hat. Im Rahmen dieses Konsortiums obliegt einem

deutschen Unternehmen - es handelt sich um MBB - die Koordinierung des
gesamten Satellitenvorhabens und einem französischen Unternehmen -
Thomson CSF - die Koordinierung der beiden fernmeldetechnischen Nutzlasten. Dabei müssen sich die beiden Führungsunternehmen zur Erfüllung
ihrer Koordinierungsaufgaben jeweils integrierter deutsch-französischer
Gruppen bedienen. Nach allem, was zu hören ist, scheint sich die industrielle Zusammenarbeit im Rahmen dieser Vorgaben gut anzulassen. Allerdings, die erste große Belastungsprobe, die Abgabe des geforderten
Festpreisangebots zum Ende des Jahres, steht noch aus.

Die im Abkommen festgelegte finanzielle Obergrenze und die von der gemeinsamen Projektleitung mit Hilfe ihrer nationalen Entsendeorganisa-
tionen definierten Spezifikationen sind offensichtlich nicht leicht
miteinander zu vereinbaren. Die Industrie weiß allerdings oder sollte
es zumindest wissen, daß sie nur die Wahl hat, die genannte finanzielle Obergrenze einzuhalten oder auf das Vorhaben zu verzichten. Ich
gehe davon aus, daß sie sich für die erste Alternative entscheiden
wird. Sie dürfte vor allem bedenken, daß sie sich auf diesem Gebiet
im weltweiten und harten Wettbewerb nur wird behaupten können, wenn
sie gute Qualität mit akzeptablen Preisen zu verbinden vermag, und
zwar von Anfang an. Sie ist dafür über viele Jahre über nationale und
europäische Organisationen mit öffentlichen Mitteln gefördert worden.
Der Zeitpunkt ist gekommen, an dem sie beweisen muß, was sie gelernt
hat.

Dem Abschluß des Abkommens ist auf beiden Seiten eine lange und intensive technische Entwicklung geeigneter Komponenten und Subsysteme vor-
ausgegangen, die in der Bundesrepublik bis zum Beginn der siebziger
Jahre zurückreicht. Auf der Seite der Satellitenplattform konnte man
sich dabei vor allem auf das mit weitgehend den gleichen Partnern ver-
wirklichte deutsch-französische Symphonie-Programm stützen. Der erste
Symphonie-Satellit wurde bekanntlich im Dezember 1974, der zweite im
August 1975 gestartet; beide sind noch immer in Betrieb. Wesentliche
Elemente dieser Satelliten finden sich in angepaßter Form auch im Entwurf der neuen Rundfunk-Satelliten wieder, wobei ich beispielhaft nur
die Dreiachsenstabilisierung, den Apogäumsmotor und die Energieversor-
gung erwähnen möchte. Eine weitere wichtige Zwischenstufe zwischen
Symphonie und TV-Sat stellte die Beteiligung von SNIAS und MBB am Intelsat V-Programm dar, für dessen zunächst sieben Satelliten u.a. die
Struktur und die Lageregelung sowie der Solargenerator von ihnen geliefert wurden.

Auf der Nutzlastseite konzentrieren sich die deutschen Anstrengungen
seit annähernd zehn Jahren auf die Entwicklung geeigneter Transponder
für Rundfunk-Satelliten. Herzstück dieser Transponder sind weltraum-
taugliche Wanderfeldröhren im Leistungsbereich zwischen 150 und 500
Watt - zum Vergleich: Die Wanderfeldröhren von Symphonie leisten 13
Watt. AEG-Telefunken ist es im Laufe dieser zehn Jahre gelungen, zwei
Typen Wanderfeldröhren zu entwickeln, die in diesem Bereich liegen,
nämlich einen Typ von 260 Watt und einen anderen von 450 Watt, wobei
Wirkungsgrade von 48 und 52 Prozent gemessen wurden. Ähnlich, wenn
auch wohl mit einer gewissen zeitlichen Versetzung und unter Begren-
zung auf die untere Hälfte des genannten Leistungsspektrums ist offenbar die Entwicklung bei Thomson-CSF verlaufen, wobei als Grundlage
eine Röhre mit einer Ausgangsleistung von 150 bis 180 Watt diente.
Schließlich können die Unternehmen beider Länder auch bei den übrigen
Komponenten und Subsystemen weitgehend auf erprobte Entwicklungen zu-
rückgreifen. Das Problem in der Kooperation der Industrien beider Länder bestand dann im allgemeinen auch gar nicht darin, große Lücken zu
schließen, als vielmehr darin, unter mehreren technisch gutqualifi-
zierten Anbietern den am besten geeigneten herauszufinden. Nicht ein
Zuwenig, sondern eher ein Zuviel an guten Liefer- und Leistungsmög-
lichkeiten machte und macht uns noch Kopfschmerzen.

Im Verlauf der deutsch-französischen Verhandlungen ist in beiden Ländern, häufiger aber noch von unseren anderen europäischen Partnern die
Frage aufgeworfen worden, warum wir dem bilateralen Weg gegenüber
einem multinationalen europäischen Weg den Vorzug gegeben haben. Diese
Frage erhielt im Rahmen der Europäischen Weltraumorganisation ESA noch
eine besondere Färbung durch die Erinnerung daran, daß es seit Ende
1976 über die ESA-Ratstagung auf Ministerebene im Februar 1977 hinaus
noch bis zum Herbst 1977 gerade die deutsche Delegation war, die -
unterstützt von der französischen - den Gedanken eines europäischen
experimentellen TV-Satelliten zur Diskussion gestellt, in einer gemeinsamen Entschließung mit festgelegt und bis zum Vorabend einer
Auswahlentscheidung über den industriellen Hauptauftragnehmer entschieden gefördert hatte.

Die Antwort auf diese Frage ist allerdings leicht: Das europäische
Vorhaben hatte sich überlebt bevor es eigentlich zu leben begonnen
hatte. Zwei Gründe waren dafür maßgebend: Erstens entwickelte sich
im Zuge der vorbereitenden Diskussionen die Idee eines einfachen,
billigen und rasch zu verwirklichenden Satellitenexperiments durch

die Überfrachtung mit immer neuen wünschenswerten Eigenschaften zu
einem komplizierten, kostspieligen, Zeit beanspruchenden Monstrum;
zweitens war durch die Beschlüsse der WARC 77, die praktisch zeitgleich mit der ESA-Ratstagung auf Ministerebene im Februar 1977 ihren
Abschluß gefunden hatte, deren Konsequenzen aber erst allmählich begriffen wurden, mit einem Mal der feste Rahmen vorgegeben, in den
sich künftige Rundfunk-Satelliten einzupassen hatten - und dieser Rahmen hatte einen nationalen Zuschnitt. Ein drittes Element kam im Laufe
der nächsten Monate bei der kritischen Betrachtung der gegebenen technischen Möglichkeiten hinzu, weil man erkennen mußte, daß als nächster
Schritt nur ein zur Versorgung eines Landes befähigter Satellit gebaut werden könnte, besonders, solange man am Start durch herkömmliche
Trägerraketen festhalten und nicht allein auf den kommenden US-Raum-
transporter setzen wollte. Satelliten, die geeignet gewesen wären,
gleichzeitig zwei oder mehr Länder zu versorgen, erwiesen sich für den
Raketenstart als zu sperrig und zu schwer, von der rapide absinkenden
Gesamtzuverlässigkeit solcher komplexen Systeme ganz zu schweigen.

Damit war für die Entwicklung von Rundfunk-Satelliten die Zweckmäßig-
keit sowohl eines gemeinsamen europäischen Vorgehens als auch einer
rein experimentellen Zwischenstufe von den Grundlagen her in Frage
gestellt. Satt dessen bot sich von den technischen Voraussetzungen
und den rechtlichen Randbedingungen her fast unabweislich an, sofort
den nächsten Schritt zum unmittelbaren Vorläufer eines operationellen
Satelliten zur WARC-konformen Versorgung eines Landes zu gehen. Die
bilaterale Verwirklichung dieses Schrittes durch eine gemeinsame Entwicklung und den Bau von zwei einander sehr ähnlichen nationalen Satelliten war dann nur noch eine für ein schnelles Vorgehen zweckmäßige
und auf längere Sicht besonders aussichtsreiche Konsequenz aus der gegebenen Konstellation. Auf sie begannen sich daher bereits seit Ende
1977 die deutschen Bemühungen zu richten und im Laufe des Jahres 1978
immer stärker zu konzentrieren. Das deutsch-französische Abkommen vom
19. April 1980 ist ihr schließliches Resultat.

Mit dem gemeinsamen deutsch-französischen Vorhaben ist die Möglichkeit
des sogenannten Satellitenfernsehens zumindest für diese beiden Länder
in greifbare Nähe gerückt. Die zweite Hälfte der achtziger Jahre könnte - einen erfolgreichen Verlauf des Projektes vorausgesetzt - aus der
Möglichkeit Wirklichkeit werden lassen. Besonders bei uns hier in der
Bundesrepublik hat dies schon jetzt die medienpolitische Diskussion
stark beeinflußt und Anlaß zu hochgeschraubten Erwartungen auf der

einen Seite gegeben und auf der anderen tiefsitzende Befürchtungen
ans Licht gebracht. Nicht nur die Medienpolitik und die Medienwirt-
schaft schienen revolutionären Umbrüchen entgegenzutreiben, auch die
Kultur dieses Landes und seine Moral schienen in Gefahr zu geraten.
Allerdings wurde dabei dem Satellitenfernsehen nicht die Alleinschuld
zugemessen, nicht minder stark stand für diese Meinung das sogenannte
Kabelfernsehen auf der Anklagebank und vielleicht sogar bei manchen
im Vordergrund ihres Interesses.

Ich möchte nicht bestreiten, daß die verbreitete Einführung neuer
deutscher Fernsehprogramme und die größere Öffnung des deutschen Bild-
schirms für ausländische Fernsehprogramme - sei es durch Rundfunk-
Satelliten, sei es durch Kabelnetze - Veränderungen im Informations-,
Unterhaltungs-und Bildungsangebot, Veränderungen in den Grundlagen und
den Wirkungsmöglichkeiten der Medienpolitik und auch Veränderungen in
der Verteilung der Gewichte der einzelnen Medien, auch ihrer wirtschaftlichen Gewichte z.B. als Folge von Veränderungen in der Verteilung des Werbeetats, mit sich bringen werden, die nicht alle positiv,
aber sicher auch nicht alle negativ zu bewerten sein dürften. Insgesamt halte ich aber das Ausmaß vieler Erwartungen und vieler Befürchtungen, besonders soweit sich beide auf das Satellitenfernsehen bezieh-
en, für weit übertrieben. Gewiß, dieses Land wird am Ende anders aus-
sehen als wir es heute kennen - am Ende, das heißt in zwanzig oder
dreißig Jahren, wenn Rundfunksatelliten so selbstverständlich geworden
sind wie schon heute die interkontinentalen Telefonsatelliten, und wenn
Gemeinschaftsempfangsanlagen und Kabelnetze die Regel und nicht mehr
die Ausnahme sein werden; aber die Ursachen der Veränderungen dürften
doch nur zu einem ziemlich kleinen Teil in den Medien und ihren verän-
derten technischen Grundlagen und zu einem weit größeren Teil in ganz
anderen Wandlungen auf ganz anderen Lebensgebieten zu finden sein.

Die Übergänge von Telegraph und Telefon zum Radio, vom Radio zum Fernsehen waren weit einschneidender als der Übergang vom terrestrischen
Sender zum Rundfunk-Satelliten. Die Änderungen, die sich in unserem
Leben seit der Einführung von Telegraph und Telefon bis heute vollzogen haben, waren so groß, daß es dafür in der Geschichte kaum Paralle-
len gibt. Aber wer wollte ernstlich behaupten, daß diese Änderungen
der Lebensbedingungen in erster Linie Folge der technischen Entwicklung der genannten Kommunikationsmittel gewesen sind.

Rundfunk-Satelliten - dies sollte man sich in solchen Diskussionen
doch immer vor Augen halten - sind zunächst nichts weiter als Rund-

funksender mit einer extrem hohen Sendeposition und entsprechend steilem Einfallswinkel des hochfrequenten Signals. Der Winkel beträgt für den Frankfurter Raum etwa 25°, im Süden ist er etwas steiler, im Norden etwas flacher. Die Position des Satelliten entspricht etwa dem Sonnenstand Anfang Oktober und wieder Anfang März nachmittags kurz nach zwei Uhr. Die Abschattungsprobleme durch Berge und Hochbauten sind gegenüber dem flach einfallenden Signal terrestrischer Sender ganz wesentlich geringer. Die WARC-Bedingungen erlauben eine Signalqualität, die für das gesamte Versorgungsgebiet für 99% des schlechtesten Monats zwischen sehr gut und ausgezeichnet liegt.

Die Anzahl der Kanäle ist für die meisten europäischen Länder auf je fünf begrenzt. Auf diesen Kanälen kann der Satellit die landesweite Fernsehversorgung voll übernehmen. Anstelle eines Fernsehprogrammes können aber auch bis zu 16 Stereotonfunkprogramme übertragen werden. Voraussichtlich wird der präoperationelle deutsche Rundfunk-Satellit von dieser Möglichkeit für einen seiner Kanäle auch tatsächlich Gebrauch machen. Auch hier gilt aber, daß es innerhalb des Versorgungsgebiets keine Differenzierungsmöglichkeiten gibt, mit anderen Worten: Wir haben es beim Satelliten immer mit landesweiter, nicht mit regionaler oder lokaler Versorgung zu tun. Ebenso gilt auch, daß der Satellit, wenn er nach WARC 77 ausgelegt ist, sich nicht für die Versorgung ganz Europas eignet. Zwar reichen die ellipsenähnlichen Flächen, an deren Grenzen eine bestimmte Feldstärke des Signals eines Rundfunk-Satelliten nicht überschritten werden darf, regelmäßig über die zu versorgenden Hoheitsgebiete hinaus und damit oft auch ziemlich weit in fremde Hoheitsgebiete hinein, aber damit ist keineswegs automatisch schon die übernationale Fernsehversorgung etabliert. Es handelt sich einfach um die Ausweitung des aus der terrestrischen Versorgung zumindest in den Grenzgebieten bekannten und genutzten Phänomens der Überstrahlung.

Was heute rund um den Bodensee längst normal ist, wird dann beispielsweise für den ganzen Südwesten gelten und es wird nach der vollen Durchsetzung des Satelliten-Rundfunks vermutlich kein Gebiet in der Bundesrepublik übrig bleiben, in dem nicht mindestens ein ausländischer Satellit mit vertretbarem Aufwand in befriedigender Qualität empfangen werden kann. Ein Land, in dem es normal ist, Zeitungen aus diesen Ländern anzubieten und ihre Rundfunksendungen nicht zu stören, sollte auch deren Fernsehsendungen ertragen können.

Der Empfang des Satelliten-Signals erfordert besondere Antennen und -

wichtiger - eine besondere Signalverarbeitung. Dies ist aufwendiger
als beim terrestrischen System, besonders wenn man gleichzeitig für
mehrere Empfänger die Signale mehrerer Satelliten auf derselben Position oder gar auf verschiedenen Positionen empfangen will. Dies wird
den Trend zur Gemeinschaftsantenne, wahrscheinlich auch zur Großge-
meinschaftsantenne mit mehr oder minder großem zugehörigem Kabelnetz
verstärken. Satellit und Kabel ergänzen sich somit, aber sie bedingen
einander nicht. Auch der Einzelempfang dürfte beim Satellitenfunk zu
vertretbaren Kosten - genannt wird eine Größenordnung von 1000 DM -
möglich und wohl auch ziemlich häufig sein. Da bis heute verständ-
licherweise solche Empfangseinrichtungen noch nicht angeboten werden,
ist es natürlich schwer vorherzusagen, in welche Richtung sich die
Aufteilung zwischen den verschiedenen Möglichkeiten künftig entwickeln
wird. Am Anfang werden vermutlich eine ganze Anzahl unterschiedlicher
Systeme ins Rennen um die Gunst der Kaufinteressenten geschickt werden,
am Ende werden mit Sicherheit nur wenige übrigbleiben.

Technisch kann der Satelliten-Rundfunk damit auf lange Sicht bei der
landesweiten Fernsehversorgung voll an die Stelle der bisherigen Versorgung treten und damit allein in der Bundesrepublik Tausende von
terrestrischen Sendern und Füllsendern ersetzen. Zeitgleich könnten
Kabelnetze einen mehr oder minder großen Teil der Regionalversorgung
mindestens in Ballungsräumen an sich ziehen. Angesichts der verhältnismäßig langen Lebensdauer der vorhandenen Fernseheinrichtungen sowohl auf der Sende- wie auf der Empfangsseite und im Hinblick auf den
noch sehr frühen Entwicklungsstand der Rundfunksatelliten werden aber
aller Voraussicht nach das herkömmliche und das neue System noch auf
Jahrzehnte nebeneinander bestehen. Dabei wird auch von Einfluß sein,
welche Entwicklung unsere Nachbarländer nehmen werden. Bleiben die
deutsch-französischen Satelliten ein einsames Zwillingspaar, wird die
Aufgabe der terrestrischen Sender sicher auch dann lange auf sich warten lassen, wenn es sich wirtschaftlich durchaus lohnen würde, dies
zu tun. Finden sie hingegen schnell Nachahmer - und darauf deutet man-
ches hin -, könnte die Ablösung des alten Systems durch das neue nach
einer gewissen Anlaufzeit schon in den neunziger Jahren ihren Anfang
nehmen und dann verhältnismäßig rasch ablaufen.

Die Situation stellt sich ganz anders dar für Länder, die bisher noch
gar keine landesweite Fernsehversorgung kennen. Sie könnten ohne Um-
weg zu einem satellitengestützten Rundfunksystem übergehen, sobald
dessen technische Reife nachgewiesen ist. Bei einem überzeugenden Er-

folg des gemeinsamen deutsch-französischen Vorhabens also schon in der
zweiten Hälfte der achtziger Jahre und ihr Risiko wäre verhältnismäßig
klein. Die Kosten für zwei Satelliten, wie sie aus Zuverlässigkeits-
gründen mindestens erforderlich sind, dürften einschließlich Start
und einschließlich einer Bodenstation nach heutigem Preisstand bei
rund 500 Mio DM liegen, ihre Lebensdauer bei sieben Jahren; Unterhal-
tungskosten wären lediglich für die Bodenstation aufzubringen, die dafür allerdings eine längere Lebensdauer hätte. Es dürfte für jedes
terrestrische System schwer sein, damit in einem mittleren Flächen-
staat konkurrieren zu können. Die Richtung der zu erwartenden Entwicklung scheint damit vorgezeichnet zu sein. Das deutsch-französische Ge-
meinschaftsvorhaben geht davon aus, daß diese Erwartung eintrifft. Umgekehrt kann es selbst dazu voraussichtlich ein gutes Stück beitragen.
Dies ist auch durchaus die dahinterstehende Absicht. Nebenbei würden
diese beiden Länder damit auch zum ersten Male in der Weltraumtechnik
bewiesen haben, daß sie mehr können, als andere nur ziemlich gut nach-
zuahmen.

Lassen Sie mich zusammenfassen:

> Das deutsch-französische Abkommen vom 29. April 1980 legt
> die Grundlagen für das weltweit erste präoperationelle
> Rundfunk-Satelitenpaar im Rahmen gültiger Regelungen über
> Satellitenpositionen, Sendefrequenzen, Ausleuchtzonen und
> Signalstärken. Noch vor der Mitte dieses Jahrzehnts werden
> diese Satelliten ihre Betriebsversuche aufnehmen.

Den Medienpraktikern wird damit ein neues Paar schöner Pferde ge-
schenkt; wünschen wir ihnen, daß sie darauf auch reiten können - wenn
möglich, vorwärts!

The Franco-German Television-Broadcasting Satellite Project

W. Finke
Bonn, Germany

On April 29, 1980, an agreement was concluded between the Government
of the Federal Republic of Germany and the French Republic concerning
technological and industrial cooperation in the field of broadcasting
satellites.

This agreement provides for the joint development and production of
two largely identical broadcasting satellites which, in accordance
with the World Administrative Radio Conference 1977 (WARC 77) are
designed in such a way that one of them will be able to supply the
territory of the Federal Republic of Germany with television programmes while the other will cater for the French Republic, each via three
channels simultaneously. They are estimated to cost a total of DM 520
million, with each side bearing 50 % of the cost.

It is envisaged that ARIANE launchers will be used for the launchings
of the satellites at the end of 1983 and in mid-1984 respectively.
Subsequently, the competent administrations of both countries, i.e.
the German Federal Post Office and Télédiffusion de France, will carry
out operational tests for a period of at least two years. Cooperation
is planned to be continued beyond the preoperational phase on the
basis of parity.

Conclusion of the agreement was preceded on both sides by long and
intensive development of suitable components and sub-systems, a development dating back in the Federal Republic to the early 70s. First
discussions took place in 1976 with the aim of realizing a satellite
experiment, to begin with - but if possible in a European framework.
In February 1977 a corresponding decision of principle was taken by
the ESA Council at ministerial level. This decision could not be implemented, however, owing to the different aspirations of the individual member countries. A major factor in these events was that,

virtually at the same time as this decision was taken, the conditions for satellite broadcasting for all the countries in the region were established bindingly in conjunction with WARC 77. The expediency both of joint European action and of a purely experimental intermediate stage was thereby called into doubt. Instead, the new aim was to make the transition to the preoperational system immediately on a bilateral basis. The Franco-German agreement is the result of these efforts.

The possibility of satellite television broadcasting which had come within reach with this joint project has raised great expectations in the current media policy debate in the Federal Republic; but it even more raised extreme fears in terms of media economics and policy, and in cultural and even moral respects. I am convinced that both the expectations and the fears are greatly exaggerated.

Broadcasting satellites are basically nothing else than broadcasting stations with an extremely high broadcasting position and a correspondingly high angle of arrival. According to WARC, they will as a rule possess a maximum of five channels per country and would be capable of full nationwide television coverage. They could thus replace thousands of terrestrial transmitters and fill-in transmitters but they are unsuitable for the transmission of local or regional programmes. Spill-over to foreign areas will be more frequent than with existing systems. The reception and further processing of satellite signals require costlier, though not prohibitively expensive, equipment in comparison with conventional antennas. This fact will accelerate the trend towards community reception, but individual reception will continue to be possible.

In view of the relatively long life of existing television equipment and the very early developmental stage of broadcasting satellites, both systems will continue to exist side by side probably for several decades and they will presumably be supplemented also by cable networks. However, to the extent that there is no terrestrial coverage yet, broadcasting satellites will be able to provide nationwide television coverage also on their own.

Der rechtliche Rahmen und die politischen Prinzipien

B. C. Witte
Bonn

I.

Meine sehr geehrten Damen und Herren,

alte Menschheitsträume werden, so scheint es, in den beiden
letzten Dezennien dieses Jahrhunderts wahr. Der Gesichtskreis
des Menschen überwindet zunehmend Raum und Zeit. Wir haben
uns schon daran gewöhnt, mit Auge und Ohr dabei zu sein,
wenn Könige gekrönt, Präsidenten besucht, Kriege geführt
oder auch Weltrekorde aufgestellt werden; schon heute bringt
die Übertragung von Fernsehsendungen über Satelliten die
Welt viel unmittelbarer, hautnäher ins Haus als je zuvor.

Auf dem Wege zu völliger Gleichzeitigkeit wird der nächste
Schritt getan werden, wenn in wenigen Jahren der direkte
Empfang von Rundfunk- und Fernsehprogrammen über Satelliten
möglich sein wird.

Medienpolitische Optimisten träumen bereits davon, daß
dieses 'Direktfernsehen über Satelliten' uns ein 'Goldenes
Zeitalter' der Kommunikation bescheren wird, in dem ein
ungehinderter weltweiter Informationsfluß nationale Grenzen,
politische, kulturelle und soziale Schranken überwindet.
Ein Blick auf die Fakten ist angebracht; er wird uns sehr
schnell erkennen lassen, daß wir von wirklich weltweit
freiem Informationsfluß noch ein gutes Stück entfernt sind.

II.

Das liegt zunächst einmal an den technischen Voraussetzungen und den um der Chancengleichheit willen notwendigen Begrenzungen. Auch für Direktsendungen über Satellit müssen Standorte, maximale Sendestärken und Frequenzen festgelegt, das heißt zunächst ein möglichst störungsfreier Empfang der Sendungen des eigenen Landes durch den Bürger garantiert werden.

Von diesen Realitäten, in die das Satellitendirektfernsehen schon jetzt eingebettet ist, möchte ich zu Ihnen sprechen.

Die dazu nötigen technischen Entscheidungen sind in den umfänglichen Beschlüssen der Genfer Weltrundfunkverwaltungskonferenz von 1977 (WARC 77) kodifiziert. Das Ergebnis: Jeder Staat erhält 5 Kanäle für Hörfunk- und Fernsehübertragung, einen Standort für geostationäre Satelliten über dem Äquator (für uns: 19° West) und ein in Form einer Ellipse oder Keule abgegrenztes Sendegebiet, das neben dem eigenen Territorium auch unterschiedlich große Randgebiete der Nachbarstaaten umfassen darf. Die der Bundesrepublik Deutschland zugeteilte Ellipse schließt Berlin (West) ein.

Es fragt sich, was diese Regelungen politisch bedeuten.

Zunächst einmal: Ich habe bewußt von einer primär technischen Regelung gesprochen. WARC 77 ist von der Internationalen Fernmeldeunion (ITU) veranstaltet worden. Die ITU und damit auch die WARC haben lediglich ein Mandat für technische Regelungen, nicht aber für politische Entscheidungen. Die Beschlüsse der WARC sind vielmehr am Gründungsvertrag der ITU zu messen. Dort heißt es in Artikel 3:

'Zweck der Union ist, die internationale Zusammenarbeit im Hinblick auf die Verbesserung und den zweckmäßigen Einsatz

der Fernmeldeeinrichtungen aller Art zu erhalten und auszu-
bauen - die Entwicklung technischer Mittel und ihre wirk-
samste Ausnutzung zu fördern, um die Leistung und die Ver-
wendungsmöglichkeiten der Fernmeldedienste zu steigern und
diese Dienste soweit wie möglich der Öffentlichkeit zugänglich
zu machen.'

Diese Ziele sind, was den technischen Sektor angeht, durch
WARC 77 weitgehend erreicht worden: Ein im Bereich des·
Satellitenfernsehens drohendes Frequenzchaos wurde vermieden,
der Störung nationaler Bestrahlung mit Fernseh- bzw. Hörfunkprogrammen via Satellit wurde vorgebeugt, die von WARC an
die Teilnehmerstaaten vergebenen Satellitenpositionen,
Frequenzen und Ausleuchtungszonen sind fernmelderechtlich
geschützt.

Indes: Politisch sind die Ergebnisse kein Fortschritt im
Sinne des "free flow of information". Der freie Informationsfluß über die Grenzen der Staaten und Gesellschafts-
ordnungen hinweg ist - jedenfalls für den Bereich des Fernsehens - kaum verbessert gegenüber den begrenzten Möglichkeiten, die über erdgebundene Sender bereits jetzt gegeben
sind.

Da WARC 77 jeweils Staaten mit gleicher Gesellschaftsordnung
mit gleichen oder benachbarten Orbit-Positionen bedacht
hat, wäre - jeweils nach dem heutigen Stand der Technik -
beispielsweise der Empfang von Satellitenfernsehprogrammen
aus der Bundesrepublik Deutschland in der DDR oder der
CSSR nur unter Verwendung zusätzlicher Empfangsgeräte möglich.

In Westeuropa bleibt natürlich die Möglichkeit, daß sich
die politisch Verantwortlichen auf die Zusammenschaltung
der nationalen Satellitenrundfunk- und -fernsehprogramme

verständigen. Die Bundesrepublik Deutschland war 1977 dafür
eingetreten, die Option für ein gemeinsames europäisches
Satellitenfernsehprogramm offen zu halten; sie konnte sich
jedoch nicht durchsetzen.

III.

Während also die technischen Grundlagen für das Satelliten-
fernsehen bereits geschaffen sind, ringt die Staatengemein-
schaft in den Vereinten Nationen und ihren Sonderorganisa-
tionen noch immer um die Formulierung der politischen und
rechtlichen Grundsätze für dieses neue Medium.

Erlauben Sie mir einen kurzen Rückblick:

Die Sowjetunion hat als erste, schon vor etwa 10 Jahren,
die politische Sprengkraft des Direktfernsehens im System-
wettbewerb zwischen West und Ost begriffen. Sie legte daher
im August 1972 in den Vereinten Nationen ebenso wie in der
UNESCO, Vorschläge für weltweite Vereinbarungen über die
'Grundsätze für direkte Rundfunksendungen über Satellit'
vor, und zwar durch Außenminister Gromyko persönlich.

Wie nicht anders zu erwarten, wird in diesen Vorschlägen
die nationale Souveränität gegen die Internationalität des
freien Geistes ins Feld geführt.

Um es konkret zu sagen: Die Sowjetunion und - wie sich
inzwischen zeigte - eine Mehrheit der VN-Mitgliedstaaten
will auf fremde Staaten gerichtete Hörfunk- und Fernsehsendungen für völkerrechtlich illegal erklären, es sei
denn, der jeweilige Empfängerstaat habe duch seine Regierung
vorher ausdrücklich seine Zustimmung zu solchen Sendungen
gegeben. Wir sprechen hier vom Prinzip des "prior consent".

Im Weltraumausschuß der Vereinten Nationen wird seit langen
Jahren über Grundsätze für Satellitendirektfernsehen und
damit auch über diese Frage verhandelt - bis jetzt erfolglos.
Der entscheidende Dissens war und ist nicht aufzulösen:
Auf der einen Seite die Anhänger des "Prior Consent", auf
der anderen Seite die Verfechter des freien Informationsflusses über die Grenzen hinweg.

In dieser Prinzipienfrage kann es für uns keine Kompromisse
geben. Dies umso weniger, als es hier sowohl um den Hörfunk
als auch um das Fernsehen geht. Wir dürfen die in Artikel 5
Absatz 1 des Grundgesetzes festgelegte Informations- und
Meinungsfreiheit des Bürgers und die aus ihr folgende Freiheit der Medien und der Journalisten nicht durch völkerrecht-
liche Verpflichtungen einengen.

Wohlmeinende Experten versuchen, aus dieser Lage mit dem
Vorschlag herauszukommen, den "Prior Consent" in eine "Prior
Consultation", also eine Pflicht zur vorherigen Beratung
mit dem jeweiligen Empfangsstaat, abzumildern.

Andere möchten unterscheiden zwischen dem "Intended Overspill",
der beabsichtigten Abstrahlung in ein fremdes Land und der
unvermeidbaren, unbeabsichtigten Abstrahlung - "unintended
Overspill", die sich aus der technischen Reichweite der
Rundfunk- und Fernsehsendungen über Satelliten ergibt: nur
der "Intended Overspill" solle Gegenstand zwischenstaatlicher
Vereinbarungen sein.

Beide Vorschläge, so einleuchtend sie zunächst erscheinen
mögen, sind unseres Erachtens nicht weniger gefährlich als
der "Prior Consent". Der eine stempelt jeden, der während
oder nach Konsultationen ohne Einwilligung der fremden
Regierung weitersendet, zum internationalen Bösewicht. Der
andere beschränkt die Reichweite des "Prior Consent" in

Wahrheit nicht, denn er verbietet jede gezielte Information über das eigene Land für die Bürger anderer Staaten, falls diese ihre Zustimmung zum Empfang solcher Sendungen verweigern. Beide Vorschläge zusammengenommen wären das Ende für alle Bemühungen unserer Rundfunkanstalten, ein objektives Bild unseres Landes ins Ausland zu vermitteln, und zwar gerade dorthin, wo es aus durchsichtigen Gründen immer wieder verzerrt zu werden droht.

Beide Vorschläge geben überdies einen mühsam errungenen internationalen Konsens preis, und zwar sowohl in Ost-West-Richtung als auch im Nord-Süd-Verhältnis.

IV.

Die gerade fünf Jahre alte Schlußakte der Konferenz über Sicherheit und Zusammenarbeit in Europa (KSZE) hat allen 35 Unterzeichnerstaaten, also auch denen des sogenannten sozialistischen Lagers, das Ziel gesetzt, "die freiere und umfassendere Verbreitung von Informationen aller Art zu erleichtern, die Zusammenarbeit im Bereich der Information und den Informationsaustausch mit anderen Ländern zu fördern." Einschränkungen der Direktsendungen über Satellit, wie sie in den Vereinten Nationen erörtert werden, verstoßen gegen Geist und Buchstaben der Schlußakte. Unter innerdeutschen Gesichtspunkten, aber auch im Sinne einer freieren Informationsverbreitung in ganz Europa sollte nicht in Zweifel gezogen werden, was in Helsinki verbrieft wurde.

Ähnliches gilt für das wichtigste Dokument zur Nord-Süd-Politik im Medienbereich, die sogenannte Mediendeklaration der UNESCO von 1978. Diese Erklärung, von allen Mitgliedstaaten im Konsens verabschiedet, spricht ähnlich wie die KSZE-Schlußakte ausdrücklich von der Absicht, weltweit "free flow and a wider and better balanced dissemination of information" zu erreichen. Die Bundesregierung hatte an

der Formulierung dieser Deklaration maßgeblichen Anteil.
Wir sind der Auffassung, daß die Medienerklärung eine gute
Grundlage für die Bemühungen von Industrie- und Entwicklungsländern ist, das allseits erkannte Ungleichgewicht des
Informationsflusses zwischen Nord und Süd und den Rückstand
der Infrastrukturen der Entwicklungsländer im Medienbereich
zu beseitigen. Dies gerade deshalb, weil sie die von den
Entwicklungsländern erstrebte "neue Weltinformationsordnung"
auf dem Grundsatz der Informationsfreiheit aufbaut und
damit allen Bestrebungen nach staatlicher Informationskon-
trolle eine klare Absage erteilt.

Auch im Nord-Süd-Verhältnis müssen wir uns auf harte und
langwierige Diskussionen einrichten. Gerade durch die Satel-
litenentwicklung wächst der technologische Vorsprung der
Industrieländer im Medienbereich. Die Länder der Dritten
Welt wollen auf diesem Gebiet als gleichberechtigte Partner
behandelt werden. Sie haben dies schon bei WARC 77 zum
Ausdruck gebracht, als es um die Verteilung der Orbit-
Positionen für direkt sendende Fernsehsatelliten ging.
Viele unter ihnen glauben trotz Mediendeklaration nach wie
vor ihre medienpolitischen Ziele nur durch die Schaffung
einer neuen Weltinformationsordnung mit dirigistischem
Zuschnitt erreichen zu können. Der soeben der 21. General-
konferenz der UNESCO in Belgrad vorgelegte Bericht der
"Internationalen Kommission zum Studium der Kommunikations-
probleme", als Mc-Bride-Bericht inzwischen bekannt, ist
eine erste umfassende Darstellung der Situation im Bereich
der Information in der Welt. Er bietet genügend Stoff zu
sachlicher Diskussion und enthält gute Ansätze auf dem
Wege zu einer Verbesserung der Infrastrukturen im Medienbereich in den Entwicklungsländern.

V.

Meine Damen und Herren, auch wenn die medienpolitische
Diskussion in unserem Lande dies bisweilen suggerieren
mag: Die Bundesrepublik ist keine medienpolitische Insel
der Seligen. Unsere medienpolitische Binnenstruktur wird
künftig stärker denn je auch von außen beeinflußt werden,
und wir werden uns dieser Entwicklung nicht entziehen können.

In der medienpolitischen Diskussion der vergangenen Monate
haben die Satellitenpläne Luxemburgs und seiner privatrechtlich
organisierten Rundfunkgesellschaft RTL uns dies deutlich
vor Augen geführt. Ohne hier im einzelnen zu diesem Problem
Stellung nehmen zu wollen, möchte ich doch folgendes bemerken:
Die Frage grenzüberschreitender Werbung und ihrer wirtschaftlichen Folgen stellt sich überall dort, wo solche Werbung
im anderen Lande eine große Zahl potentieller Konsumenten
erreicht. Wir können nicht unsere Augen verschließen vor
den Gefahren, die das Abfließen von Werbeeinnahmen - womöglich in Milliarden-Höhe - für unsere gesamte deutsche Medienlandschaft, einschl. der gedruckten Presse, haben könnte.
Aber auch dies sollte am Grundsatz der Informationsfreiheit
gemessen werden.

Internationale Lösungen sind notwendig, aber nicht leicht
zu finden. Die Bundesregierung hat sich in ihrer Antwort
auf eine Große Anfrage der Opposition im Bundestag im Februar
dieses Jahres darauf festgelegt, eine europäische Rundfunkkonvention anzustreben, "die die Freiheit der Information
und Kommunikation im internationalen Rahmen gewährleistet,
aber die Beeinträchtigung nationaler Medienstrukturen durch
Fremdkommerzialisierung verhindert". Vorarbeiten von Fachleuten für eine solche Konvention werden seit 1975 im Euro-
parat geleistet. Zwischen der Bundesregierung, der französischen und der luxemburgischen Regierung verabredete infor-
melle Gespräche werden hoffentlich den Weg dahin weiter

ebnen. Die Politiker stehen angesichts der Tatsache, daß
das Satellitenzeitalter für den Fernsehkonsumenten in Europa
Mitte der 80er Jahre endgültig beginnen wird, unter sichtbarem
Entscheidungsdruck.

VI.

Meine Damen und Herren, ich habe versucht, Ihnen in Umrissen
die weltweite Diskussion im Medienbereich darzustellen.
Wir alle wissen, daß wir auf eine Fülle von Problemen bislang
noch keine befriedigenden Antworten gefunden haben. Patent-
lösungen sind nicht in Sicht. Die technische Entwicklung
im Medienbereich hat politischen Zugzwang erzeugt, nicht
nur national, sondern ebenso in den internationalen Beziehungen. Vor unseren Augen ist ein neues wichtiges Feld
solcher Beziehungen entstanden: Die internationale Medienpolitik. Sie war bis weit in die 60er Jahre kaum mehr als
Frequenzgerangel und gelegentlicher Prinzipienstreit. Das
ist heute grundlegend anders geworden. Der Siegeszug des
Fernsehens und die Weltraumtechnik haben bewirkt, daß Medienpolitik in den 80er Jahren verstärkt international gesehen
und betrieben werden muß.

Es kommt darauf an, die staunenswerten technologischen
Fortschritte im Kommunikationswesen nicht zur ideologischen
Repression gegenüber den Bürgern und zur Verfestigung über-
holter nationalstaatlicher Strukturen zu mißbrauchen, sondern
sie als Instrument zur Förderung des freien Austauschs
über die Grenzen der Staaten hinweg zu nutzen. Zugleich
geht es darum, die internationale Debatte um die Medien
wie bisher auch weiterhin so zu führen, daß unsere eigene
Verfassungsordnung nicht von außen her ins Zwielicht gerät.
In der KSZE-Schlußakte und in der UNESCO-Mediendeklaration
haben wir beide Ziele in erfreulichem Umfang erreicht.
Jetzt geht es darum, sie in die Praxis des Satellitenzeit-
alters umzusetzen. An ihren Früchten wird man, auch und
gerade hier, die liberale Demokratie erkennen.

The Legal Framework and the Political Principles

B. C. Witte
Bonn, Germany

1. Direct radio and television broadcasting via satellite (DBS),
   expected to begin about the middle of this decade, will in all
   probability not usher in the Golden Age of communication in which
   the free and world-wide flow of information will surmount all
   national frontiers and political, cultural an social barriers.
   Transmission and reception possibilities have been considerably
   restricted by international technical agreements (WARC 77), which
   is also in the political interests of the majority of countries.
   Although individual nations are assured of undisturbed reception
   of television by satellite, there remains little scope for the
   trans-frontier satellite broadcasting and reception of radio and
   television.

2. The community of nations has been negotiating since 1972 within
   the UN Outer Space Committee and its Legal Sub-Committee - so far
   without success - on an agreement laying down the principles
   governing direct radio broadcasting via satellite. Whilst the overwhelming majority of UN members, including the Soviet Union, want
   satellite radio and television broadcasts intended for foreign
   territories to be subject to the principle of national sovereignty
   and hence prior consent, the Federal Republic of Germany, together
   with other Western countries, supports the principle of the free
   flow of information beyond national frontiers.

3. A prior consent arrangement would in our view remove the practical
   basis for the exercise of the individual's right to trans-frontier
   information embodied in a number of international agreements (e.g.
   article 19 of the International Covenant on Civil and Political
   Rights, which has been ratified by the 'socialist' States too) and
   thus also limit the freedom of information guaranteed in article 5
   (1) of the Basic Law (Constitution). Such an arrangement could
   not be restricted to television broadcasts; it would be bound to
   have a serious effect on the radio programmes which many States
   have up to now broadcast to other countries.

4. In view of the continuing fundamental differences between East
   and West over the principles involved in DBS, the principle of
   the freedom of information embodied in the CSCE Final Act (Helsinki, 1975) continues to be valid.

5. Considering the demand by many Third World countries for a more
   effective new world information and communication order to
   remove the generally recognized disparity in the flow of information between North and South and to make up the infrastructure
   leeway of the developing countries, the Declaration on the Media
   approved by a consensus of all members of UNESCO in 1978 remains
   for us the most important basis for action. We wish to strengthen
   the freedom of information and the ability of the Third World to
   participate in the world-wide flow of information.

6. The problem of frontier-crossing commercial advertising on radio
   and telvision, which can be an economic threat to traditional
   national media structures - including the printing media - calls
   for an early solution. The Federal Government advocates a European
   broadcasting convention which, whilst guaranteeing freedom of information for the individual, will protect national structures
   and markets.

   The appropriate forum for negotiations is the Council of Europe,
   where preparatory work has been going on since 1975 at the expert
   level.

Sendemöglichkeiten über Rundfunksatelliten

H. Krath
Bonn

1. Technische Voraussetzungen

Die in Verbindung mit der Entwicklung der Weltraumtechnik entstandenen
Nachrichtensatelliten, wie TELSTAR, RELAY oder die heutigen INTELSAT
dienen dem Nachrichtenaustausch zwischen wenigen zentralen Knotenpunk-
ten der nationalen bzw. internationalen Nachrichtennetze. Wegen der
geringen Anzahl von Erdefunkstellen können die Einrichtungskosten
eines solchen Satellitensystems auf der Erde relativ hoch sein. Im
Gegensatz hierzu müssen bei Rundfunksatelliten die Empfangsstellen
auf der Erde möglichst einfach und billig sein, da sie in sehr großer
Zahl auftreten. Dies führt zu generellen technischen Abweichungen der
Rundfunksatelliten von den übrigen Nachrichtensatellitensystemen.

Die Forderung nach billigen, kleinen und massenproduktionsfähigen Empfangsantennen auf der Erde hat zwangsläufig höhere Sendeleistungen
beim Rundfunksatelliten zur Folge. Es sind bis zu 10 mal höhere Sendeleistungen zu installieren. Wegen der z. Z. erreichbaren Wirkungsgrade
der Senderöhren von nur etwa 50 % muß außerdem die Hälfte dieser Leistungen wieder als Wärme in den Weltraum abgestrahlt werden. Dies erfordert entsprechende neue Wärmehaushaltkonzepte.

Höhere Anforderungen sind auch an die Positionshaltung der Rundfunksatelliten zu stellen, weil die Empfangsantennen aus Kostengründen
nicht nachgeführt werden können.

Der Durchmesser von Antennenspiegeln ist umgekehrt proportional zur
Frequenz. Für kleine Antennen ist daher eine möglichst hohe Frequenz
anzustreben. Höhere Frequenzen werden jedoch beim Durchgang durch die
Atmosphäre stärker gedämpft als niedrigere Frequenzen. Der für Rundfunksatelliten international festgelegte Frequenzbereich von 12 GHz
stellt einen guten Kompromiß dieser Bedingungen dar.

...

Die Ausrichtgenauigkeit der Sendeantenne im Satelliten muß sehr groß
sein, um einerseits die Randzonen des Versorgungsgebietes mit annähernd
gleichbleibender Feldstärke zu versorgen und andererseits eine gute
Ausnutzung des Frequenzspektrums zu erreichen. Je schärfer ein Versorgungsgebiet abgegrenzt werden kann, um so günstiger sind die Möglichkeiten der Wiederholung von gleichen Sendekanälen in geringem räum-
lichen Abstand auf der Erde.

2. Die Rundfunksatellitenkonferenz, Genf 1977

Zur Schaffung der planungstechnischen Voraussetzungen für den Direktempfang wurde bereits 1971 durch die damals stattfindende Funk-Ver-
waltungskonferenz für den Weltraumfunkverkehr beschlossen, einen Fre-
quenz- und Orbitplan für direktstrahlende Rundfunksatelliten aufzustel-
len. Da der hierfür zugewiesene 12 GHz-Bereich auch für den Betrieb
von terrestrischen Rundfunksendern und für Richtfunk vorgesehen ist,
mußte der Frequenz- und Orbitplan für Rundfunksatelliten so rechtzeitig
aufgestellt werden, daß er durch mögliche terrestrische Nutzungen nicht
behindert wird.

Auf Druck der westeuropäischen Fernmeldeverwaltungen wurde die Planungskonferenz Anfang 1977 nach Genf einberufen.

Leitgedanken für diese Planungskonferenz waren

- alle Länder haben das gleiche Recht, die den Funkdiensten für Weltraumfunkverkehr zugewiesenen Frequenzen und die Umlaufbahn der geostationären Satelliten für diese Funkdienste zu nutzen;

- das Funkfrequenzspektrum und die Umlaufbahn der geostationären Satelliten sind natürliche Hilfsquellen, deren Ergiebigkeit begrenzt ist
  und die auf möglichst wirksame und wirtschaftliche Weise genutzt
  werden sollten.

Eingehende Studien der Europäischen Rundfunk-Union (EBU) und der BBC
in England zeigten, daß es das zur Verfügung stehende Frequenzband von
11.7 - 12.5 GHz erlauben würde, ca. 5 Kanäle pro Land zuzuordnen. Es
kann davon ausgegangen werden, daß die meisten Länder auf der Basis
dieser Erkenntnis ihre Bedarfsanmeldungen für die Konferenz festgelegt
haben, da ein spezifischer, künftiger Bedarf an diesem neuen Massen-
kommunikationsmittel schwerlich konkretisierbar war.

Überlegungen in der Bundesrepublik, in Verbindung mit unseren deutschsprachigen Nachbarländern Österreich und der Schweiz führten zu dem
Ergebnis, daß es im Interesse der im gleichen Sprachgebiet wohnenden
Rundfunkteilnehmer erstrebenswert sein müßte, mindestens je einen Sa-
telliten-Versorgungsbereich zu erhalten, der alle drei Länder umfaßt.
Demtentsprechend haben Österreich, die Schweiz und die Bundesrepublik
je 4 Kanäle für die nationale Versorgung und je 1 Kanal für die Versorgung aller drei Länder als Bedarf angemeldet. Die Anforderung der
Bundesrepublik nach 5 Sendekanälen beinhaltete die Einbeziehung von
Berlin (West) in den Versorgungsbereich dieser Kanäle. Diese Lösung
war aus frequenzökonomischen und rundfunkorganisatorischen Gründen
jeder anderen denkbaren Lösung vorzuziehen.

Bei der Erstellung des Planes zeigte sich, daß anfangs gestellte Forde-
rungen reduziert werden mußten. Hiervon waren vor allem über die eigenen Landesgrenzen hinausgehende Versorgungsabsichten betroffen. So
haben auch die deutsche, die österreichische und die schweizerische
Delegation ihre Anmeldungen insofern modifiziert, als der von den drei
Verwaltungen jeweils vorgesehene, alle drei Länder umfassende Versorgungsbereich aufgegeben wurde. Dies geschah nicht zuletzt auch auf
Einspruch (Art. 428A, VO Funk) der Tschechoslowakei und der DDR hin,
die durch den großen "spill over" vollständig überstrahlt worden wären
und Beeinträchtigungen bei der verbleibenden Nutzung für terrestrische
Funkdienste hätten hinnehmen müssen. Stattdessen hat die deutsche Delegation die Anmeldungen für alle 5 Kanäle so verändert, daß

a) zur Erleichterung der Planung 5 <u>gleiche</u> Kanäle gefordert wurden,

b) die Versorgungsbereiche dieser Kanäle - gegenüber den bisherigen
   nationalen Kanälen - nach Süden und Südwesten ausgeweitet wurden.

Für die kleinen Länder Europas, wie z. B. Monaco, Liechtenstein oder
auch Luxemburg stellten sich spezielle Probleme, da aus technischen
Gründen ein Ausleuchtwinkel von $0,6^{\circ}$ an der Satellitenantenne nicht
unterschritten werden kann, das zu versorgende eigene Land jedoch erheblich kleiner als die dem $0,6^{\circ}$ Winkel entsprechende Ellipsenfläche
ist. Durch Reduzierung der Sendeleistungen für die Satelliten dieser
Länder ist diesen Gegebenheiten schließlich Rechnung getragen worden.

Der Bundesrepublik ist zugleich mit den Ländern
    Belgien, Frankreich, Italien, Luxemburg, Niederlande, Österreich
    und Schweiz

die gleiche Orbitposition zugewiesen worden. Ohne Änderung der Aus-
richtung der Empfangsantenne kann hierdurch in den Überlappungsbereichen
die Sendung des anderen Landes empfangen werden.

Die von der Konferenz festgelegten Satelliten-Systemdaten sehen Indi-
vidualempfang vor. Als Empfangsantennen wurden Parabolspiegelantennen
mit 90 cm Durchmesser zu Grunde gelegt.

In den Plan sind alle Länder einbezogen - mit Ausnahme derjenigen des
amerikanischen Kontinents. Die Staaten des amerikanischen Kontinents
beschlossen, für ihren Bereich im Jahre 1982 eine ähnliche Planungskonferenz vorzusehen.

3. Satellitenprojekte

Neben der Bundesrepublik und Frankreich wird auch in anderen Ländern
z. T. seit Jahren an der Realisierung von Rundfunksatellitenprojekten
gearbeitet. Auf folgende Projekte sei hingewiesen:

Japan: Der in Zusammenarbeit mit der amerikanischen Firma GE gebaute
und im April 1978 gestartete zweikanalige direktsendende Satellit BSE
ist im Sommer dieses Jahres kanpp vor Beginn der präoperationellen
Phase ausgefallen. Ein Nachfolgesystem (BS 2) wird frühestens 1984/85
einsatzbereit sein.

Der Ausfall des Satelliten führte zu Diskussionen über die Betriebs-
sicherheit eines solchen Systems im Vergleich zu terrestrischen Sende-
anlagen. Eine befriedigende Antwort auf dieses Problem ist Voraussetzung für die Genehmigung des Nachfolgesystems BS 2 durch die Regierung.

China: Die Volksrepublik China plant den Kauf zweier amerikanischer
Satelliten (in Orbit), die neben Telefon- und Breitbanddiensten auch je
zwei 100 W-Kanäle für Fernsehverteilung (Community-TV, Rebroadcasting)
tragen sollen. Der Start ist für 1983/84 vorgesehen.

Saudi-Arabien: Der Start eines Fernsehrundfunksatelliten ist für 1983
vorgesehen.

L-SAT der ESA: Mit Ausnahme von F und D sind die ESA-Mitgliedsländer
am L-SAT beteiligt. Der Satellit sieht z. Z. neben einem 20/30 GHz
Experiment die bereits erwähnte einkanalige Nutzlast für RAI sowie einen

experimentellen Kanal mit schwenkbarer Antenne zur Durchführung von
Versuchen in den EBU-Ländern vor.

<u>Italien:</u> RAI hat immer wieder auf die Notwendigkeit hingewiesen,
frequenzmäßig auf den Satellitenrundfunk auszuweichen. Im Rahmen des
bei ESA durchgeführten L-SAT-Projektes wird daher auch ein präoperationeller, WARC kompatibler Kanal für das italienische Fernsehen vorgesehen.

<u>NORDSAT-Gruppe:</u> Im Auftrage des Rates der nordischen Länder wurden
zwei Industriestudien über ein gemeinsames Fernsehrundfunksatellitensystem der Länder DK/S/N/ISL/SF durchgeführt. Die Ergebnisse liegen
seit Anfang dieses Jahres vor, eine politische Entscheidung über die
Realisierung des Systems steht allerdings noch aus.

<u>Luxemburg:</u> ESA wurde beauftragt, von verschiedenen US-amerikanischen
und europäischen Firmen gemachte Vorschläge für ein Rundfunksatelliten-
system auszuwerten. Das Ergebnis liegt vor, eine Entscheidung steht
noch aus.

<u>Schweiz:</u> Die schweizerische PTT hat je eine vorläufige Studie über ein
schweizerisches Fernsehrundfunksatellitensystem an die europäische
Weltraumorganisation ESA sowie an DETECON/Satel-Conseil vergeben.
Während bei ESA systemtechnische Aspekte im Vordergrund stehen, soll
die unter der Prokektleitung der DFVLR durchgeführte Studie detaillier-
te Aussagen über Realisierbarkeit und Kosten eines derartigen Systems
erbringen.

<u>4. Empfangsmöglichkeiten</u>

Wie bereits erwähnt, müssen die Ton- und Fernsehprogramme von den Satelliten mit hoher Energie abgestrahlt werden, um auf der Erde mit einfachen und billigen Empfangsanlagen auszukommen. Um Sendeleistungen zu
sparen, wird anstelle von Restseitenbandmodulation Frequenzmodulation
eingesetzt. Trotzdem sind die zu empfangenden Signale aufgrund der
hohen Funkfelddämpfung, verglichen mit den Signalen terrestrischer
Rundfunksender, äußerst schwach, so daß sehr empfindliche und rauscharme Empfangsanlagen notwendig werden.

Die Empfangsanlagen bestehen grundsätzlich aus einer Parabolantenne,
einem oder mehreren Umsetzern zur Verlagerung der Signale aus dem

12 GHz-Bereich in den UHF- bzw. VHF-Bereich und einem Modulationswandler zur Umwandlung der frequenzmodulierten Signale in amplitudenmodulierte Signale.

Die technische Qualität der empfangenen Signale muß bei Antennen, die Kabelanlagen speisen - wie z. B. Gemeinschaftsantennen oder Breitbandverteilnetze -, höherwertiger sein als bei Einzelempfang. Hieraus resultiert höherer technischer Aufwand und damit auch höhere Kosten für solche Empfangsanlagen. Trotzdem wird der Empfang des Satellitenrundfunks über Kabelnetze sehr interessant sein, da hierdurch die auf den einzelnen Teilnehmer entfallenden Kosten erheblich reduziert werden können.

Im Hinblick auf die aus anderen Gründen stattfindende Ausweitung von kabelgebundenen Rundfunkversorgungsnetzen stellt sich die Frage, inwieweit der Satellitenversorgung oder der Kabelversorgung größere Chancen eingeräumt werden müssen. In der Vergangenheit sind eine Vielzahl von Studien angefertigt worden, die je nach Interessenlage der Auftraggeber nachweisen sollten, welches Versorgungsmittel die wirtschaftlichere Lösung darstellt. Eine derartige vergleichende Kostenbetrachtung führt jedoch in die Irre. Entscheidend für die Wertung der beiden Versorgungssysteme müssen 2 Aspekte sein:

a) Aus physikalisch-technischen Gründen eignen sich Satellitensysteme nur für eine großflächige, d. h. bundesweite Versorgung. Kabelanlagen sind insbesondere für lokale Versorgungsaufgaben geeignet.

b) Durch die Nutzung von Kabelanlagen lassen sich die relativ hohen Satelliten-Empfangskosten auf eine Vielzahl angeschlossener Empfänger verteilen. Andererseits erhöhen zusätzliche Satellitenprogramme das Interesse zum Anschluß an eine Kabelanlage.

Hieraus resultiert, daß Satellitenrundfunk und Kabelfernsehen keine alternativen Rundfunkversorgungssysteme darstellen, sondern unterschiedlichen Versorgungsaufgaben dienen und sich gegenseitig ergänzen.

Darüber hinaus muß festgestellt werden, daß die zeitliche Realisierbarkeit der beiden Versorgungssysteme zu ebenfalls sehr unterschiedlichen Ergebnissen führt. Während eine Rundfunksatellitenversorgung relativ kurzfristig - d. h. in drei bis fünf Jahren - aufgebaut werden kann, ist die Installation großer Kabelnetze, die großstädtische Ballungsgebiete oder gar die ganze Bundesrepublik umfassen sollen, eine Aufgabe von zehn bis zwanzig oder gar mehr Jahren.

Das besondere Interesse der Bundesrepublik Deutschland gilt der Emp-
fangssituation im deutschsprachigen Raum. Sollen in diesem Gebiet neben
eigenen nationalen Satelliten-Kanälen zusätzlich die deutschen Kanäle
empfangen werden, so ist in manchen Fällen ein erhöhter Aufwand bei den
Empfangsanlagen erforderlich. In Österreich sind deutsche Satelliten-
sendungen mit den gleichen Empfangsanlagen wie im Bundesgebiet zu empfangen. In der Schweiz müssen Empfänger mit einem von 400 MHz auf
800 MHz erweiterten Frequenzbereich eingesetzt werden. In der DDR benötigt man außer einer schwenkbaren Antenne auch Empfänger mit erwei-
tertem Frequenzbereich, bzw. Mehrnormenempfänger, sofern die Kanäle
eines Satelliten der Bundesrepublik Deutschland neben evtl. Kanälen
der DDR in Farbe empfangen werden sollen. Bewohner von Luxemburg, die
zusätzlich farbige deutsche Programme empfangen möchten, müssen dafür
eine Antenne mit umschaltbarer Polarisation und einen Mehrnormenempfänger verwenden.

Der Empfang ist auch außerhalb der sogenannten Versorgungsellipse möglich. Werden hierfür die gleichen Empfangsanlagen benutzt wie innerhalb
der Ellipse, dann nehmen mit der Entfernung von der Ellipse Rauschen
und Störungen durch andere Sender zu. Das zunehmende Rauschen läßt sich
ausgleichen durch die Verwendung von größeren Antennenspiegeln oder
empfindlicheren Empfängern. So müßte beispielsweise in Oslo eine doppelt
so große Antenne verwendet werden wie in der Bundesrepublik, wenn man
die Zunahme des Rauschens beim Empfang des deutschen Satelliten ausgleichen will. Die Störeinflüsse durch andere Sender lassen sich jedoch
auf diese einfache Weise kaum beheben. Somit sind dem Satellitenempfang
außerhalb der Versorgungsellipse technisch-wirtschaftliche Grenzen gesetzt.

Das Frequenzspektrum des 12 GHz-Bereiches ist international nicht nur
dem Satellitenrundfunk sondern auch den terrestrischen Funkdiensten
zur Nutzung zugewiesen. Der große Mangel an Funkfrequenzen legt es auch
in der Bundesrepublik nahe, auf Satellitensendekanälen anderer Länder
terrestrische Funkdienste zu betreiben. Dies kann zu Störungen des Sa-
tellitenempfangs führen. Die internationalen Abmachungen verlangen, daß
durch terrestrische Sender der Empfang der Satellitensender eines
anderen Landes in diesem Land nicht beeinträchtigt werden darf. Offen
bleibt andererseits, ob und in welchem Ausmaß der Empfang fremder Satelliten in der Bundesrepublik geschützt werden soll.

5. Nutzungsaspekte aus technischer Sicht

Rundfunksatelliten sind ein technisches Medium mit dem große Flächen
versorgt werden können. Dies macht die Rundfunksatelliten insbesondere
interessant für große Länder.

Dünn besiedelte Gebiete erfordern einen relativ hohen Aufwand für die
Infrastruktur einer terrestrischen Rundfunkversorgung. In vielen Ent-
wicklungsländern steht die Rundfunkversorgung des Landes noch am Anfang.
Für diese beiden Fälle bietet sich der Einsatz von Rundfunksatelliten
an, um schlagartig im ganzen Land die Voraussetzungen zum Hör- oder
Fernsehrundfunk zu schaffen.

Eine besondere Eigenart und dadurch ein internationales Problem des Satellitenrundfunks ist die Überstrahlung der Nachbarländer. Rundfunksatelliten sind das einzige technische Versorgungsmittel, mit dem Fern-
sehempfang in größerer Entfernung jenseits der Grenzen eines Landes
möglich ist. Dies gilt jedoch nur insoweit, als terrestrische Sender
und Interferenzen mit anderen Satellitensendern den Empfang nicht
stören. Ein Schutz auf störungsfreien Empfang jenseits der Grenze ist
durch die Abmachungen der Rundfunksatellitenkonferenz, Genf 1977, nicht
gegeben. Man kann jedoch davon ausgehen, daß der Empfang in weiten Bereichen jenseits der Grenze möglich sein wird. Diese Besonderheit des
Satellitenrundfunks läßt seine Nutzung besonders interessant erscheinen
für Rundfunkorganisationen, deren Aufgabe die Versorgung der Nachbarländer zum Ziele hat. Für die Bundesrepublik trifft dieses z. B. auf
den Deutschlandfunk zu.

Vielfach diskutiert wird der Einsatz von Rundfunksatelliten zur Be-
hebung der Versorgungsschwierigkeiten in den Großstädten, wo durch
Hochhäuser die derzeitgen terrestrischen Rundfunksender abgeschattet
werden. Ähnliches gilt für ländliche Gebiete, wo Bergrücken den Empfang
in den Ortschaften der Täler behindern. Es ist außerordentlich kostenauf-
wendig, in diesen schlecht versorgten Gebieten durch den Bau kleiner
Sender oder Kabelanlagen einen einwandfreien Empfang zu ermöglichen.
Die Abstrahlung eines Rundfunksatelliten bringt hier erheblich bessere
Bedingungen, da der Einstrahlwinkel aus der Umlaufposition des Satelliten im allgemeinen viel günstiger ist als der von terrestrischen
Sendemasten. Dem Einsatz von Rundfunksatelliten für diese Versorgungs-
aufgabe steht jedoch entgegen, daß nur bundesweit ausgestrahlte Programme in Frage kommen - wie z. B. das Zweite Deutsche Fernsehen -,

denn über den Satelliten ist keine Regionalisierung der Programme möglich. Neben den 3. Fernsehprogrammen hat jedoch derzeit auch das 1. Fernsehprogramm in der Bundesrepublik regionale Programmaufgaben.

Es stellt sich die Frage, ob im Zusammenhang mit der Nutzung eines Rundfunksatelliten in der Bundesrepublik neben einem Mehr an bundesweiten Programmen nicht auch eine Strukturveränderung bei den bestehenden terrestrischen Netzen naheliegend ist. Dies betrifft insbesondere das Netz zur Ausstrahlung des 1. Fernsehprogramms. Die bundesweite Ausstrahlung eines ARD-Gemeinschaftsprogramms über Satelliten würde eine künftige Nutzung der Senderkette des 1. Fernsehprogramms für zusätzliche regionale Programmgestaltung ermöglichen. Aber auch das Sendernetz für das 2. Fernsehprogramm könnte in regionale Netze aufgespaltet werden. Eine solche Veränderung in der Aufgabenstellung der bestehenden terrestrischen Netze entspräche am ehesten den gegebenen technischen Versorgungsmöglichkeiten. Diese Verlagerung und Strukturveränderung muß jedoch langfristig gesehen werden. Sie setzt nämlich voraus, daß ein sehr großer Teil der Fernsehteilnehmer bereits Satellitenempfangsanlagen installiert hat.

Ähnliche Schlußfolgerungen gelten für das Freimachen von Frequenzbereichen, die derzeit von terrestrischen Rundfunknetzen genutzt werden, zugunsten der stetig zunehmenden beweglichen Funkdienste. Zwar tritt die Bundesrepublik für eine Beibehaltung der Rundfunkfrequenzbereiche ein. Es ist jedoch nicht auszuschließen, daß die internationale Entwicklung eine solche Grundhaltung auf Dauer unmöglich macht. Aus solchen Entwicklungen könnte dann langfristig resultieren, daß zumindest teilweise keine Vermehrung, sondern u. U. eine reine Verlagerung von Programmausstrahlungsmöglichkeiten stattfinden würde.

Der Rundfunksatellit stellt ein neues Rundfunkversorgungsmittel dar, bei dem sich die Chance bietet, die in den letzten Jahren erfolgte Verbesserung der Wiedergabequalität insbesondere des Tones, zu nutzen. Hifi-Stereogeräte guter Qualität sind bereits weit verbreitet. Die Schallaufzeichnung der Schallplatte und auch guter Heimtonbandgeräte ist inzwischen auf so hohem Stand, daß die UKW-Übertragungsqualität der Tonrundfunksender übertroffen wird. Die Anwendung digitaler Verfahren für die Tonübertragung beim Satelliten dürfte eine wesentliche Verbesserung der Qualität des Hörfunkempfangs erzielen lassen. Auch Fernsehübertragung mit höherer Bildauflösung ist denkbar. Von der Steigerung der Übertragungsqualität könnte ein wesentlicher Anreiz für die Teilnahme am Satellitenrundfunkempfang ausgehen. Nicht nur das Mehr

an Programmen sondern auch die bessere Wiedergabe dürfte Interesse am
Satellitenrundfunk wecken.

Satellitenrundfunk könnte mit dazu dienen, unser Leben zu bereichern
und das friedliche Zusammenwachsen der Völker zu fördern. Vom Programm-
inhalt wird es abhängen, inwieweit dieses geschieht.

Possibilities for Broadcasting by Satellites

H. Krath
Bonn, Germany

One of the results of the development of space technology was the
launch of the first communication satellites in the early sixties.
TELSTAR, RELAY, SYNCOM and the present INTELSAT satellites can be
quoted as examples for this. Broadcasting satellites are a special
type of communication satellite working with a high transmitter
power so that they can be received by the broadcast customer with
small antennas which are favourable from the cost point of view.

The points for the introduction of broadcasting satellites in the
12 GHz band, as regards the technical area, were set at the International Conference on Broadcasting Satellites in Geneva in 1977.
Every country was allocated 5 send channels for television purposes
so that it could cover its own territory. The transmitter powers
have been set in a way that receiving antennas with a diameter of
90 cm can be used.

The first experimental projects for broadcasting satellites have been
put into reality in Canada and Japan. In Western Europe, the activities of ESA, of the Nordic countries as well as of the Federal Republic of Germany together with France are oriented towards the implementation of experiments with broadcasting satellites.

The costs for additional equipment necessary for receiving emissions
from broadcasting satellites will have a considerable influence on
the preparedness of the broadcast customers to take part. By way of
community reception (community antenna/cable television) the costs to
the borne by the individual customer can be reduced considerably.

The broadcasting satellite service and cable television are no
alternative broadcasting service systems but fulfil different
functions as regards coverage and are complementary to each other.

Emissions from broadcasting satellites can be received also outside
the so-called coverage ellipse. If in this case the same receiving
equipment is used as inside the ellipse, the noise and interferences
caused by other transmitters increase with the distance from the

ellipse. The increasing noise can be compensated if antennas with larger reflectors or more sensitive receivers are used. However, the influence of interferences from other transmitters can hardly be eliminated in an easy way.

In the Federal Republic of Germany, the broadcasting satellite can only be used for the purposes of a nationwide coverage and not for regional coverage (e.g. for covering individual federal states). It can only partly be used for solving the problems of absorption caused by high buildings or for providing television services to rural areas which are badly covered. The broadcasting satellite, however, is the only technical means which makes it possible to receive tele-vision programmes also at a greater distance beyond the border of a country. A broadcasting satellite can be used not only for trans-mitting television programmes but also sound broadcast programmes. Its use for sound broadcast transmissions of high quality from the technical point of view is possible and should be tested.

Countries with wide areas and an underdeveloped infrastructure will have particular interest in the broadcasting satellite because it is a means of providing the whole country with broadcast services within a short time.

With regard to the utilisation of a broadcasting satellite in the Federal Republic of Germany it is abvious that there will be not only an increased number of nationwide programmes but also a change in the structure of the existing terrestrial networks. The nationwide transmission of the common programme of the ARD via satellite would make it possible in future to use the chain of transmitters of the first television channel for additional regional programmes. Such a change in the functions of an existing terrestrial network would best correspond to the technical possibilities available for providing coverage.

Modelle der Partizipation

C. Detjen
Bonn

Es ist nicht möglich, in der Bundesrepublik Deutschland über Nutzungsmöglichkeiten neuer Kommunikationstechniken zu sprechen, ohne
auch über Politik zu reden. Diese Eröffnung ist nicht nur Resultat
eigener jahrelanger Erfahrung. Die Wissenschaft teilt diese Erfahrung. Auf einem Symposium der Internationalen Vereinigung für Kommu-
nikationswissenschaft wurde vor kurzem in Bad Neustift festgestellt:
"Am Beispiel der Bundesrepublik Deutschland läßt sich deutlich auf-
zeigen, daß akademische Erwägungen über die Zukunft der Medien reine
Bumerang-Spekulationen bleiben müssen, sofern sie sich nicht an konkreten medienpolitischen Zielvorstellungen orientieren können oder
in die Entwicklung medienpolitischer Zielvorstellungen eingreifen
können."

In derselben, von der Unesco mitgetragenen Tagung wurde beklagt, daß
die Rollenverteilung und die Reihenfolge der an die Wissenschaft oft
gestellten Fragen "Wie ist die Zukunft der Medien einzuschätzen?"
eine falsche ist. Die vorgängige und vordringliche Frage laute vielmehr: "Unter welchen Rahmenbedingungen soll, oder besser, darf sich
die Medienzukunft entwickeln?"

Ich ziehe diese Vorbehalte nicht etwa zur Entschuldigung meiner Phan-
tasielosigkeit heran, der ich mich in diesem Referat befleißige.
(Es hätte mir im übrigen nicht an Vorstellungskraft gefehlt, Szenarien
eines zwischen unterirdischen Lichtwellenleitern und sphärischen
Satelliten pulsierenden Medien-Universums zu entwerfen. Ich befürchte
jedoch den Vorwurf aus diesem sachkundigen Auditorium, mich von den
Realitäten dieser Welt allzusehr zu entfernen.) Ich vermeide auch die
Ausbreitung amerikanischer Erfahrungen, nicht weil ich nun das Kli-
schee übernehmen wollte, amerikanische Verhältnisse ließen sich mit
den deutschen nicht vergleichen; im Gegenteil: Der Vergleich - dies-
seits des Atlantik der feste Glaube an die Gemeinwohl erzeugende
Kraft von Regulierungen, jenseits des Atlantik der Verlust eben
dieses Glaubens - wäre höchst reizvoll. Er wäre unerläßlich, wenn man

Modelle der Partizipation an der Satellitennutzung nach amerikanischem
Muster anlegte. Die zur Verfügung stehende Zeit erfordert jedoch Kon-
zentration auf das, was hier realistisch erscheint. Ich beschränke
mich zudem auf die Probleme, die mit dem Einsatz von Direkt-TV-Satel-
liten zusammenhängen.

Der Versuch, realistisch zu bleiben, führt aus zweierlei Gründen (ich
betone: in diesem Zusammenhang ganz unpolitischen!)zu Bertolt Brecht.

Erstens, weil er den Peachum sagen ließ: "Die Verhältnisse, sie sind
nicht so". Und zweitens, weil er in seiner Rede über die Funktion des
Rundfunks eine Feststellung traf, die auch für heutige Rundfunktechni-
ken noch Gültigkeit hat. Er sprach von "Erfindungen, die nicht bestellt sind". Ich füge in seinen Text nur unser Themenstichwort ein,
und dann heißt ein wesentlicher Satz: "So konnte die Technik zu einer
Zeit soweit sein, den Satelliten-Rundfunk herauszubringen, wo die Gesellschaft noch nicht soweit war, ihn aufzunehmen."

Deshalb ist es nicht verwunderlich, daß die Diskussionen über die Programme, die aus dem Weltall kommen, so verworren und verwirrend sind.
Bezeichnend für diesen Zustand ist die Tatsache, daß in der Bundesrepublik Deutschland zwar der Bau eines Direkt-Fernsehsatelliten imgang
ist, aber noch niemand genau weiß, wie und wofür er genutzt werden
soll. Und vor allem ist ungeklärt, ob diejenigen, die für die Nutzung
die vorrangige politische und rechtliche Kompetenz haben, dem zustim-
men, was von den technisch und finanziell Kompetenten vorgedacht worden ist.

In einer mittelgroßen bayerischen Stadt fiel mir vor wenigen Tagen die
Werbung auf, mit der die Attraktivität der Verkabelung einiger Stadt-
teile durch die Bundespost angepriesen wurde. Dazu gehörte auch der
Hinweis, daß in den Genuß von Satellitenprogrammen komme, wer sich an
die Kabelfernsehanlage anschließen lasse. Auf die Frage, welcher Art
denn diese Programme sein werden, trat am Informationsstand der Post
zunächst eine Verlegenheit ein. Dann kam zur Antwort, das sei noch
nicht genau bekannt, aber schließlich wisse man ja aus den Zeitungen,
daß Radio Luxemburg ein Satellitenprogramm in deutscher Sprache ausstrahlen wolle. Dies scheint mir das derzeit kunstvollste Partizipa-
tionsmodell zu sein!

Die konkrete Beschreibung von Modellen der Partizipation wird er-
schwert, weil in der Bundesrepublik Deutschland nahezu alle politisch
zu klärenden Fragen offen sind. Deshalb bitte ich Sie um Verständnis,
dafür, daß ich Ihnen nicht ganze Architekturen von Partizipationsmo-
dellen aufzeichne, sondern nur Grundrisse gebe, vielleicht sogar nur
Bebauungspläne für die Felder, auf denen Partizipation an den Vorteilen der Satellitentechnik jenen geboten werden kann, deren Funktion
im Sammeln, Ordnen und Verbreiten von Informationen und Unterhaltung
besteht.

Es bedarf dazu zunächst einer Strukturierung der politischen, rechtlichen und ökonomischen Probleme. Nur dadurch werden die Bereiche und
Kompetenzen erkennbar, die Partizipation rechtlich ermöglichen, politisch und technisch "machbar" sowie ökonomisch erstrebenswert erscheinen lassen. An dieser Strukturierung sollten sich beteiligen:

- die Medien, also Rundfunk und Presse, die erklären müssen, wo sie
  die Chancen der Kommunikation über Satelliten sehen, aber auch die
  Probleme, die ihnen erwachsen, wenn sich der Wettbewerb um die Auf-
  merksamkeit der Bürger und die Finanzquellen des Werbemarkts auswei-
  tet;

- die Industrie, die an den technischen Märkten interessiert ist und
  diese umso mehr wahrnehmen kann, je eher den Bürgern verdeutlicht
  wird, was sie von Satellitenprogrammen erwarten dürfen;

- die Bundesländer, die ihre Rundfunkhoheit auch 36.000 Kilometer
  über dem Äquator gewahrt wissen wollen, bisher aber nicht darüber
  aufgeklärt haben, wie sie dies zu tun gedenken;

- die Bundesregierung, die den Bau des deutsch-französischen Satelliten finanziert und (wie der Bundeskanzler in seinen Wahlreden) vor
  einer Gefährdung der Familien durch eine Ausweitung des Programm-
  angebots warnt;

- die westeuropäischen Regierungen insgesamt, die sich zwar zum freien
  Fluß von Informationen über alle Grenzen hinweg bekennen, zugleich
  aber nach innen ihre nationalen Programm- und Werbemärkte gehütet
  sehen wollen.

Es gilt unter diesen Institutionen die politischen, rechtlichen, ökonomischen und kreativen Kompetenzen klarzustellen. Wer Ansprüche erhebt - sei es auf Beteiligung an der Satellitennutzung, sei es auf politische Entscheidungskompetenz oder auf Schutzmaßnahmen - sollte sich zu erkennen geben und Begründungen darlegen. Erst wenn dies geschehen sein wird, trägt die Beteiligung an der Diskussion zu einer Bestandsaufnahme von Erwartungen und Befürchtungen so anregend bei, daß die medienpolitische Diskussion versachlicht und der dringend erforderliche politische Entscheidungsprozeß beschleunigt wird.

Zur Versachlichung gehört auch eine Negativabgrenzung der Kompetenzen. Die politischen Instanzen könnten es den potentiellen Nutzern der Satellitentechnik wesentlich erleichtern, wenn sie die Adressaten für Wünsche und Anregungen eindeutig markierten. Die Erörterung der Nutzung von Direktfernsehsatelliten wurde bisher hierzulande vor allem von der Bundesregierung und den Parteien des Bundestags wahrgenommen. Nach den medienpolitischen Spielregeln indes ist nicht erkennbar, woraus etwa die Bundesregierung - inclusive der Bundespost - einen rechtlichen Anspruch auf Partizipation an der Entscheidung darüber ableiten wollte, welche Inhalte ein deutscher Satellit transportieren darf und welche "Absender" für Informationen und Unterhaltung infrage kommen. Das Gesetz über die Errichtung von Rundfunkanstalten des Bundesrechts dürfte dafür nicht ohne weiteres ausreichen. Sofern und solange über Satelliten Rundfunkdienste ausgestrahlt werden, haben nach dem bisherigen Rechtsverständnis die Kompetenz über die Zulassung und Ablehnung von Veranstaltern die Bundesländer. Faktisch jedoch werden durch die Auslegung des in Vorbereitung befindlichen deutsch-französischen Satelliten, die beim Bundesminister für Forschung und Technologie angesiedelt ist, bereits Weichenstellungen für die Inhalte getroffen. An wen soll sich also wenden, wer sich an Versuchssendungen beteiligen will?

Umgekehrt gibt das Fernmelderecht den Ländern aber keinen Partizipationsanspruch an technischer Konzeption und Ausführung von Satelliten.

Mag sich also der Partizipationsinteressent an die Bundesländer wenden? Aber wer sind in diesem Fall die Bundesländer? Da gibt es einerseits einen nach wie vor nicht aufgehobenen Beschluß der Ministerpräsidenten, weiterhin Gemeinsamkeit in den Grundzügen der Rundfunkpolitik zu wahren. Dem entgegen stehen Erklärungen einiger Länderchefs, gesetzliche Grundlagen zur Zulassung privater Rundfunkveranstalter zu schaffen. Kaum vorstellbar, daß demnächst eine Lizenz aus Hannover genügen sollte, um per Satellit privaten Rundfunk nach Hessen einzuschmuggeln!

Vielleicht fährt der private Partizipationsinteressent aus der Bundesrepublik Deutschland dann doch der Einfachheit halber gleich nach Luxemburg, denn dort sind die Verhältnisse bekanntlich nicht so. Wird jedoch, wer dort die Partizipation sucht, in Deutschland sein Publikum (und seinen Werbemarkt) finden dürfen? Zwar spricht hier niemand mehr vom "Westwall im Äther", aber von der Nutzung ausländischer Satelliten-Frequenzen für terrestrische Funkdienste und einem Post-Pflichtenheft für Parabol-Antennen wird offen geredet. Hier ist zumindest die Möglichkeit gegeben, daß der Grundsatz des freien grenzüberschreitenden Rundfunks sozusagen mit dem administrativen Skalpell am Lebensnerv getroffen wird. Darüber hinaus bestehen rechtliche Unsicherheiten, unter anderem durch ein in diesem Jahr ergangenes Urteil des Europäischen Gerichtshofes, der zwar grundsätzlich den Rundfunk inclusive Werbefernsehen als eine Dienstleistung bestätigte, die unter die Regeln über den freien Dienstleistungsverkehr fällt. Zugleich wurde jedoch den nationalen Staaten das Recht zugestanden, im allgemeinen Interesse eigene Regelungen für das Werbefernsehen zu erlassen.

Den Kommentar dazu entlehne ich einem bekannten Medienpolitiker des 19. Jahrhunderts:

> Und wer franzet oder britet,
> Italienert oder teutschet:
> Einer will nur wie der andre,
> Was die Eigenliebe heischet.

Das war Goethe zur westeuropäischen Satellitenkonkurrenz.

Auch auf diesem Gebiete zeigt sich, daß die Technik der Politik weit voraus ist. Sie hat die nationalen Grenzen überwunden. Der Versuch, der 1977 von der Internationalen Satellitenkonferenz unternommen wurde, die Abstrahlungsgebiete möglichst eng auf die nationalen Grenzen zu konzentrieren, erweist sich bereits heute als nicht erfolgreich. Deshalb werden alle Überlegungen, Partizipationen zu realisieren, den nationalen Gegebenheiten Rechnung tragen, zugleich jedoch die europäischen Dimensionen einschließen müssen. Die medienpolitischen, die rechtlichen und die ökonomischen Probleme überlagern sich national und international. Eine Konsensbildung ist unerläßlich, egal ob sie westeuropäisch initiiert wird oder zunächst national vonstatten geht.

Für die Konsensbildung bedarf es nationaler und internationaler Mechanismen. Sie können nur dort funktionieren, wo Partizipation aller praktiziert wird, die einerseits politisch und rechtlich, technisch und finanziell kompetent sind, andererseits in ihren bisherigen Tätigkeitsgebieten, also der Verbreitung von Information und Unterhaltung, existenziell betroffen werden können. D.h., in die Partizipation an der Lösung der Probleme müssen auch die einbezogen werden, die keinen Rechtsanspruch darauf haben. Denn politisch "machbar" erscheint nur, was aus einer nationalen und westeuropäischen Konsensbildung hervorgeht. Andernfalls verbliebe für alle Beteiligten nur die Partizipation an Problemen, die sie sich gegenseitig bereiten.

Die Medien, also Presse und Rundfunk, haben einen besonderen Anspruch auf Beteiligung an dem Entscheidungsprozeß nicht nur, weil sie für die Programme gebraucht werden, sondern weil jede Änderung des derzeitigen Kräfteverhältnisses der Medien erhebliche Auswirkungen auf deren Existenzgrundlagen hat. Die Presse zum Beispiel konnte sich bisher nicht an den Chancen beteiligt sehen, die mit den Direktfernsehsatelliten geboten werden. Sie partizipiert dafür umso mehr an Bedrohungen, die für ihre Ressourcen von der Fülle der neuen Kommunikationstechniken ausgehen. Wenn z.B.zur Finanzierung weiterer Satellitenfernsehprogramme - gleichgültig, ob sie in Deutschland oder in Luxemburg oder in der Schweiz rundfunkrechtlich verantwotet werden - die Werbung herangezogen wird, sind Veränderungen des nationalen Werbemarktes unausbleiblich; zu wessen Lasten und zu wessen Gunsten sie gehen, hängt wesentlich davon ab, ob und wie die Presse bereits im Anlaufstadium der Satellitenkommunikation Gelegenheit hat, ihre Gesichtspunkte in Entscheidungsprozesse und Nutzungsplanungen einzubringen.

Für die Zeitungen gibt es außer den möglichen Umverteilungen auf dem Werbemarkt einen weiteren wichtigen Aspekt. Wenn z.B. (zu einem heute allerdings noch nicht absehbaren Zeitpunkt) die national verbreiteten Programme via Satellit abgestrahlt werden, entstehen im terrestrischen Netz freie Kapazitäten für lokale und regionale Rundfunkprogramme, die in der wirtschaftlichen und publizistischen Basis der lokalen Presse zusätzliche Umverteilungen an publizistischer Leistungskraft und Anzeigenvolumen bringen können.

Die Presse wird ihren Partizipationsanspruch zunächst darin suchen müssen, ihre Betroffenheit durch jede Veränderung des Kräfteverhältnisses der Medien zu verdeutlichen. Sie wird aber nicht nur eine Negativ-Partizipation sehen dürfen. Für die Zeitungen ergibt sich per Satellit z.B. die Chance, Bildschirmzeitungen mit der Videotexttechnik zu verbreiten. Es ist vorstellbar, daß national verbreitete Blätter ihre Videotext-Beiträge per Satellit ausstrahlen, die regional und lokal verbreiteten Zeitungen dagegen im terrestrichen Netz bzw. in Kabelnetzen. Wie überhaupt die Presse überall dort, wo sie sich in breitbandigen Netzen mit Kabeldiensten beteiligt, auch den partnerschaftlichen Network-Verbund wird ins Auge fassen müssen.

Darüber hinaus kann die Presse für jeden, der ein Satellitenprogramm veranstaltet, ein wertvoller Partner sein. Für die Realisierung neuer Programme wird es auch der Mobilisierung neuer kreativer Kräfte bedürfen. Die Medien werden die Ressourcen dafür sicherlich zunächst fast ausschließlich in ihren eigenen Reihen suchen müssen. Partizipationsmöglichkeiten für die Presse bieten sich jedoch auch im wachsenden Produktions- und Rechtemarkt, einem Feld also, auf dem heute schon Verlage tätig sind.

Schließlich dürfte eine ökonomisch sinnvolle Partizipation insbesondere in neuen Formen der Kooperation im Medienverbund gefunden werden. Wer auch immer ein neues Programm wo immer einführen will, wird dabei - vor allem in der Anfangsphase - leichter sein Publikum finden, wenn er mit Printmedien kooperiert. Ich meine damit nicht etwa die Zeitung als Marketinginstrument für ein neues Fernsehprogramm, sondern viel mehr den Verbund, wie er bisher schon zwischen Fernsehen und Buch praktiziert wird, aber in verstärktem Maße für die Zukunft zwischen Presse und Fernsehen in neuen Formen möglich erscheint.

Bevor allerdings alle diese konkreten Partizipationsmöglichkeiten verwirklicht werden können, bedarf es der Auflösung der politischen Knoten. An ihnen hängt alles. Deshalb gestehe ich zum Schluß ein, was Sie längst selbst bemerkt haben: Daß ich vielleicht zuviel über die Schwierigkeiten bei der Realisierung von Partizipation gesprochen habe. Aber ich bin sicher, daß erst dann, wenn diese Schwierigkeiten überwunden sind, diejenigen an den Vorteilen der neuen Technik partizipieren können, denen die größten Anstrengungen gewidmet sein sollten: Die Bürger, die in den Abstrahlungsbereichen der Satelliten leben.

Models of Participation

C. Detjen
Bonn, Germany

In the Federal Republic of Germany it is difficult to describe specific models because all the political problems that have to be settled
before new broadcasting techniques can be applied are still open. As
a result, it is not possible to present the whole blueprint but merely to give an outline of those areas where participation in satellite
technology might be possible for those whose function involves collecting, arranging and disseminating information and entertainment.

This means first of all outlining the structure of the political, legal and economic problems. Involved in this process should be:

- The media, broadcasters and press   , who must explain where they see
  the opportunities afforded by satellite communication, but also the
  problems they will be confronted with when competition for the public's attention and the financial resources of the advertising market increases;

- The branches of industry interested in technical markets and who will
  be able to make use of those possibilities the more the people are
  shown what they can expect from satellite programmes;

- The federal states, who want to preserve their broadcasting authority
  up to an altitude of 36,000 km above the Equator but have so far not
  explained how they intend to do so;

- The Federal Government, which finances the construction of the
  German-French satellite and at the same time warns about the dangers
  of a wider range of programmes for the family;

- The governments of Western Europe as a whole, who identify themselves with the free flow of information across all frontiers but at
  the same time want to protect their national programms and advertising markets.

All deliberations must embrace both the national situations and the
European dimensions. The political, legal and economic problems super-
impose one another, nationally and internationally. It is therefore
essential to form a consensus. The necessary machinery will only function where participation in the solutions of these problems is actually practised. This must also include those who have no legal claim to
the use of new broadcasting techniques but have a vital interest in
them.

Only that which results from international and West Europaen consensus seems politically feasible. Otherwise, all that would remain for
everyone concerned to do would be to participate in the task of solving problems which they create for one another.

It is not merely a question of dissemination the traditional programmes by satellite. The press, too, could make a useful contribution,
for instance by means of the screen newspaper. The possible changes
in the national commercial advertising market are having repercussions
on the financial resources of the press. Newspapers and periodicals
cannot, therefore, simply stand back as outsiders, so to speak, and
watch others use satellites.

Dimensions of the Economic Utilization of Satellites

B. O. Evans
Valhalla, N.Y., USA

Ladies and Gentlemen, it is a pleasure to have the opportunity to brief you on some
of the progress in the field of communications. My subject today is limited in its
present implementation to the United States. However, the technologies are certainly
available to every country around the world - and indeed, some plans are progressing.

There is a revolution in communications underway! New technologies, and - even more
important - new competition allowed by the U.S. Federal Communications Commission,
are moving communications rapidly into digital techniques, wideband transmission
and fiber optics. One of the important new technologies is communication satellites.

Communications satellites are especially important because they are a double-edged
sword - providing unique advantages in themselves and simultaneously, in the hands
of new competitors allowed in the U.S., bringing real pressures on the established
communications companies to keep pace. The result will be substantial benefits for
computer and communication users.

Today I will brief you on some of the progress, using the company in which IBM holds
a financial interest - Satellite Business Systems - as an example. I also will discuss
how SBS' first users plan to utilize communications satellites.

There are several reasons why communications and computer scientists are interested
in orbital satellites. The first is distance insensitivity. Since the satellite's
beam covers a very large area - often ten million square kilometers - or more, when
a station transmits to the satellite - say, from Berlin - the cost is the same for
reception in London, Copenhagen, Vienna, Munich, Paris or Rome. Additionally, the
satellite operates in the broadcast mode. An increasing numbering of business messages have more than one destination. Since all satellite earth stations simultaneously
receive the message, for messages intended for more than one recipient, complex rout-
ing and retransmission facilities can be simpler.

Secondly, satellites are capable of providing variable communications bandwidth on
demand. Stop and think about it: today to speak by voice or transmit data at very

low data rates - say 4.800 computer ones and zeros per second - we use the very widely available voice telephone facilities. However, to communicate at higher speeds - say 48.000 binary bits per second - we have to use another transmission media. It is more costly and in many places, even in the most technologically advanced countries, such communications facilities are not widely available. And they certainly are not available to most of the remote and less populated regions of the earth. This in turn can deter a business' abilities to decentralize or enter new areas. If one wishes to transmit at very high speeds - say 1.500.000 binary bits per second or 6.300.000 binary bits per second - , speeds akin to the internal data rates of modern digital computers, the cost is very high and the facilities are even less available. This is changing as P.T.T.'s move to more sophisticated transmission technologies but the investment is enormous. It will be many years before such bandwidth will be available to metropolitan areas and many, many years before wide band terrestrial communications are available to rural areas.

Communications satellites can be thought of as a nearly perfect garden hose. But instead of spraying water over a wide area, spraying its electronical signals simultaneously covering all areas, metropolitan and rural. Satellites can operate for a few fractions of a second or minutes or hours at slow speeds, intermediate speeds or high speeds - intermixed - on demand - thus making a wide range of speeds available within one communication entity as the user's needs dictate. That has substantial advantages to a business with voice and data traffic loads that intensify and decrease through each minute, each hour, each day. In net: Satellites deliver an integrated communications capability - voice, data and image in one network.

Additionally, we are interested in communication satellites because they operate digitally - that is, analog voice is transmitted to and from the satellites in digital form as is, of course, data. Therefore, with modern encryption techniques, cryptographic circuitry can be added to the satellite earth stations so that very sophisticated security and privacy facilities become available for not only data but also for voice - something that today is difficult and expensive to do. Thus all digital satellites bring new levels of security and privacy - so essential to governments and businesses.

We are also very interested in communications satellites because of expected economies. Satellite cost performance has improved dramatically over the last decade. To give you a better measure of that - the INTELSAT satellites in operation in the late 1960's had an effective cost of 20.000 DM to maintain a 1200 bit per second circuit plus a spare in ORBIT for one year. The INTELSAT IV satellites which linked the continents, starting in the mid-70's, cost approximately 2.500 DM to maintain a 1200 bit per second circuit plus a spare in ORBIT for one year. The INTELSAT V family of satellites just coming into operation should approximately cut that cost in half. The numbers and estimates I speak to are the present technologies. For the future, we can foresee a wide variety of technologies and design approaches to further reduce that cost. Therefore, in many ways the technology promise of communications satellites is like the technology progress we have seen in integrated electronics and digital computers. Finally, communications satellite attributes bring promise of new applications not now economically addressable by available terrestrial communications. I will say more about that in a few minutes.

There are negatives - to be certain. One is that heavy rainstorms interfere with receptions. Usually such storms move at 40 - 50 kilometers per hour thus the interruptions are temporary. Nonetheless, when designing a user's communication system where continuous connectivity is a requirement, special care must be exercised, especially in heavy rain-prone areas. Inclusion of an additional earth station within 50 - 60 kilometers may be a solution; temporary off-load to terrestrial telephone or other communications media may be another solution.

Additionally, since electricity travels approximately 300.000 kilometers per second, typical terrestrial communications over 1000 kilometers - say Paris to Berlin - requires only 1/300 second, which is essentially insignificant. But the trip up to and down from a satellite is 70.000 kilometers which takes 1/5 second and that begins to be significant. If an interactive terminal to computer application is involved, the double roundtrip - terminal inquiry to satellite to computer, answer from computer to satellite to terminal - requires almost 1/2 second which is noticeable and forces special attention to computer network design - and could even rule out satellite communications where instant response is required of an application - for example, on-line control of pressure or temperature or liquid flows. However, most applications operate satisfactorily with one second or even longer response times. Thus satellites should be entirely satisfactory in most cases - although new programming and hardware will be required by computer systems to better minimize response times.

The satellites in operation today use as their electronic autobahns the carrier frequency range of 4 to 6 GHz (Billion cycles per second). That frequency area is used by other equipment - including microwave - in many countries. Because the other users were there first, communications satellites operating in the 4 to 6 GHz frequency ranges are limited in the power they are allowed to radiate so they do not interfere with existing equipment. Therefore, the earth stations require very large and costly antennas - often 13 meters, sometimes as much as 30 meters in diameter - and very sensitive and costly amplifiers and may be forced to locate a considerable distance from the user. Thus, today's satellites are forced into expensive earth stations and expensive terrestrial links between the earth stations and the user's locations. You may have seen such antennas. Because these earth stations are so expensive and because they are also limited in locations where they do not interfere with established communications, the usual approach is to apply satellites only for long distance communications, and use available terrestrial telephone or other facilities for local distribution.

Several years ago, for example, we considered using communications satellites for IBM's long distance U.S. communications. IBM has facilities in more than 250 cities in the United States and we have a nationwide private communications network that connects most of these facilities. With the 4 - 6 GHz satellites we could save some money in communication between large metropolitan areas, but we would still require very substantial terrestrial facilities for local distribution and were concerned that the two carriers would blame each other when faults occured while our services were disrupted or that the terrestrial carriers would raise rates so as to eliminate the satellite price advantages.

However, wise international bodies have reserved higher frequencies for communications satellite use. These reserved frequencies are in the 11 to 14 GHz range and the 20 to 30 GHz range. While rain penetration becomes increasingly difficult as transmission frequencies increase, new satellites using these frequencies are not limited in the power they radiate - only what they can economically afford to place into synchronous orbit. As a result of the higher power transmittable, rain penetration problems are reduced and you can design earth stations with much smaller antennas and far less expensive amplifiers. You can then think of earth stations on the users own permises. Thus, much of a company could be interconnected by the satellite network, with offload to local telephone facilities only in certain areas where it may not be the most economical to place multiple earth stations in close proximity.

In the future, in addition to local distribution over terrestrial telephone networks, there is increasing consideration of using some of the communications capacity of cable TV which is rapidly growing in usage. In the United States it is now installed in hundreds of cities; in fact, there are more than 1.500 CATV companies now in operation in the U.S. In addition, there is growing consideration of local distribution using cellular radio. The cellular radio technique divides areas into four quadrants, each quadrant being served by a microware transmitter-receiver with an antenna having a 90 degree fan-shaped area of coverage. The quadrants operate on different channels. Each channel offers a transmission capacity of 256.000 binary bits per second. Therefore, a few frequencies shared but carefully separated provide reasonable capacity for local distribution.

IBM has been studying and doing research in communications satellites since 1966. Our work was first directed toward reducing our own internal communications cost. In 1974 we increased our interest and involvement by requesting the U.S. FCC's approval of IBM's purchasing a share of a small company that was established in 1972 for the purpose of providing U.S. private line communications using communications satellites. The company, as many of you know, is today known as Satellite Business System. SBS is owned by COMSAT General, Inc., a subsidiary of communications satellite corporation, the U.S. representative to the international telecommunications satellite consortium, by IBM and by Aetna, a major and respected life insurance company. SBS is one of several satellite communications systems currently planned for the United States. Western Union, RCA, AT&T and American Satellite Corporation (using Western Union's Satellites) are already in operation. In addition, General Telephone & Electronics and Southern Pacific Communications Corporation have filed for authorization for their own satellite system - there will undoubtedly be others.

Today SBS has nearly 1.000 employees and has already invested more than 650 million DM. It is busily preparing for revenue producing operation expected to start in 1981. The system will consist of three satellites - two principals and a spare - the first of which is planned to be launched three weeks from now. AEG Telefunken is the supplier of the important travelling wave tube amplifiers which are on board the satellites. In time there will be several hundred earth stations. Earth station components are under contract to a number of suppliers, including Fujitsu and NEC of Japan, and Hughes, IBM and others in the United States. The tracking and control stations that constantly measure the state of health of the satellites and help control network operations are now being installed in the Denver, Colorado and Washington, D. C. areas. Production earth station equipment is being integrated at both SBS and at the first users' field sites in anticipation of start of revenue producing operations just a few months from now!

The U.S. FCC's decision approving SBS is final and has been endorsed by the Federal Appeals Court. It is true there are adversaries who prefer to not see SBS in operation. But I believe that SBS' scheduled availability will not be thwarted and that the present ownership structure will not be changed by legal actions that may still surface.

The SBS earth stations are being designed to accommodate very wide ranging interfaces. For example, digital computer terminals can be remotely connected or locally connected. Analog data lines can be remotely connected or locally connected. And, of course, the usual central telephone office, PBX full duplex, WATS (Wide Area Telephone Service) etc. Type of interfaces are available for voice, allowing the SBS earth station to connect almost every type of data and voice communication facility in the United States.

Initially, most of the load is expected to be voice with some data, but data growth will be more rapid than voice growth. Therefore, in time SBS expects the load will have more data than voice. In fact, already more than one of the early users plan to utilize the satellite for data-only operations in the beginning.

To advance new alternatives for local distribution in metropolitan areas, SBS is now working with two other companies to test, evaluate and demonstrate local distribution by both cable TV networks and cellular radio.

There are many new applications foreseen for communications satellites. One of the more interesting is document distribution where low cost and high volume document transfer using a communicating copier for not only text, but flip charts and graphs as well, for a wide range of applications transmitting at 30 or 60 pages per minute or even faster in sharp contrast to the typical facsimile rates available today of 1 to 6 minutes per page. Very high speed document transfer can be essential to the promising electronic office. Consider that there are surprising intra-company mail delays. Even using couriers, companies who study their mail transmit time are startled at how long it takes from the time the mail is sent until received. How, in modern times, can a business be responsive and competitive with 3, 4 and 5 day delays in internal mail?

A second advanced application is high speed data transmitting over a wide range of speeds from today's 2.400 to 9.600 binary bits per second up to modern computer speeds of 1.5 to 6.3 million binary bits per second. Studies show surprising volumes of data that need to be transferred hourly, daily, weekly, monthly and annually. The compound growth rate of these data transfers is increasing steadily. I must caution that computers from the beginning have been designed to use the existing low speed telephonic communications. Even if high speed communication satellites were available today it would still be some time before computer architecture, hardware and programming could really take advantage of 6.3 million bits per second transfer rates. Thus, I expect this application area will grow more slowly. However, because of the attractive price and performance advantages, high speed computer to computer transmissions will move swiftly once the necessary computer hardware and programming becomes available. High speed data transmission offers advantages in sharing computing capacity over long distances, in the structuring of computing networks in entirely different ways - for backup and emergency operations, for consolidating equipment and for allowing the collection of voluminous data at remote sites with transmission to centralized sites for processing.

Perhaps most important, teleconferencing should have a very important effect on productivity given sky-rocketing transportation costs, led by OPEC price increases. A number of companies including IBM are experimenting with teleconferencing with promising results. Some limit themselves to audio only for best economy. Others take the middle road of fixed frame where the picture changes every few seconds - conserving bandwidth. Others are experimenting with the deluxe route - full motion and even color. The choice is a function of what one desires in terms of communicability and responsiveness. There is probably a range of right solutions for each enterprise. Studies have examined travel histories to determine the amount of travel between distant cities. The people that actually travelled were interviewed to understand what supporting material was carried in the way of blueprints, documents, demonstration aids; the subjects of the meetings were discussed; etc. - all of this analysis to better understand what percentage of travel is displacable by teleconferencing. There is no question that teleconferencing will be important and widely used - it may even be the most important part of the future electronic office.

Just consider one small example - a few days ago I had to go to Chicago for an important meeting that required my presence for one hour. The trip cost IBM almost 2.000 DM for my expenses and 16 hours of my time, 10 hours of which were normal working hours! A terrible story in terms of productivity. It could have been done effectively with teleconferencing were it available. I make such trips several times each month; hundreds of us in IBM do the same! Thousands of IBMers travel somewhat less as is the case with employees of most business - large and small - but still with much the poor productivity. I expect most people in this room have the same experience.

Also important: with teleconferencing, no longer does one have to examine new demands against present commitments and say, "I can make it two weeks from next Tuesday." The teleconference can generally be scheduled within hours. That is important to responsiveness and decisiveness. Low cost, wide bandwidth communications will motivate teleconferencing which will have very important effects on productivity and effectiveness - plus important improvements in business expense and people's quality of life!

Now let us examine how SBS' first offerings compare generally with today's communication carrier tariffs. For voice only SBS plan 3 offerings:

o   CNS-A (Communications Network Service-A) will be for large company's private networks. There are 100 to 200 potential customers of this size in the U.S.

o   CNS-B is an offering where multiple users share earth stations. There are more than 1.000 potential U.S. customers for this service.

o   MS (Message Services) will be available to customers large and small. It is a
      low-cost, long-distance voice telephone service among 150 metropolitan calling
      areas for users who do not require CNS-A or B. There are several thousand poten-
      tial customers for this service.

Once a satellite voice network is installed, data can be incrementally added and it
is very competitive with available transmission services. As transmission speeds increase, the satellite advantage increases substantially over present tariffs.

With this background let me now summarize actual customer's plans that are under contract to satellite business systems.

For example, a major bank now has high volume voice traffic between Los Angeles and
San Francisco plus private communication lines to a large branch in New York City
with a number of voice and data lines crisscrossing the western coast of the United
States. There are data processing centers in San Francisco and all terminals are connected to this data center over low speed terrestrial lines. Backup for ninety
million character disk files is done by physically carrying magnetic tapes to a near-
by remote site - cumbersome and not very responsive:

o   Step one of this bank's plan is replacement of existing long distance voice and
      low speed data links with expected savings of 10 to 20 %.

o   Step two splits the data center to locate a backup data center 400 miles from
      the primary center and connects the data centers with 1.5 million bit per second
      channels to insure swift transmittal of critical files.

o   Step three is to shift a portion of the primary's workload to the backup data
      center and to reconnect terminals so they connect to the nearest data processing
      center.

o   Step four is to exploit the satellite backbone network for video teleconferen-
      cing and check image transfer. These steps are planned to be installed in the
      period 1981 through 1983.

Another bank presently has a computer center in Los Angeles and another in San Francisco plus private lines between San Francisco and New York City. This bank plans to
connect New York to San Francisco via satellite for both data and high speed facsimile
using cellular radio and cable TV for local distribution:

o   In 1981 the bank plans a high speed data link between the two large data processing centers.

o   In 1982 the bank plans to implement a voice network over the three dedicated
earth stations and 10 shared SBS earth stations covering their major U.S. locations.

A large life insurance company plans:

o   In 1981 to connect Chicago to California for teleconferencing between headquar-
ters and regional meetings and to phase later in 1981 to high speed data and
document distribution.

o   In mid 1982 this company expects to expand all applications to four sites.

o   In late 1982 they plan six sites for all applications and eventually are planning a 22 location network.

An insurance industry consortium plans 35 locations offering data service to a large
number of small and intermediate insurance companies:.

o   In the spring of 1981 the consortium expects to provide a 1.5 million bit per
second data link to their first customer linking distant computer centers for
DP backup.

o   In the summer of 1981 the consortium's second customer is to come on-line with
voice and video teleconferencing between major locations.

o   In the fall of 1981 the consortium plans to bring a third company on-line for
insurance records document transfer among three large cities. The consortium
plans 10 earth stations by the end of 1981 and 24 by the end of 1982 - aggres-
sive schedule.

IBM plans:

o   An initial 6 node network for high quality voice in mid 1981.

o   In late 1981 IBM expects to expand to a 12 node network and implement video
teleconferencing for engineering design and management conferences as well as
high speed data transfer between remote data processing centers.

o   In 1983 and 1984 IBM plans a nationwide satellite network of more than 30 earth
      stations for encrypted private voice networks plus secure data transmission and
      teleconferencing.

Another insurance company expects to have voice interconnection in 1981 between four
major sites, in 1982 to implement teleconferencing and by 1983 to grow to a nationwide voice network.

A heavy equipment manufacturer plans to use communications satellites in 1982 to have
a high volume voice connection between four cities and then to expand to broader
voice coverage and teleconferencing and high speed data as well.

Another insurance company and an aerospace firm expect to begin with data applications. Connecting computer centers with 56.000 and 1.5 million bit per second links.
Like most of the others they plan to phase to voice, video teleconferencing and document transfer between major sites with six dedicated earth stations in place by
1982.

There have been a number of analysis by each company of the expected costs, the number of years to break even and their estimates of the savings over terrestrial communication facilities at today's rates. For privacy reasons that you understand I
will not identify the companies and will only speak to these numbers in the broadest
of terms. However, let me say that

-     company A sees a peak negative of 20 million DM, expects 3 years to break
      even and by 1984 estimates 1.8 million DM per month savings using communica-
      tions satellites. For further productivity, this company expects to later phase
      in high speed data transfer and teleconferencing.

-     company B sees a maximum negative of 1.8 million DM, 6 months to break even,
      expects to be saving 540.000 DM per month vs. today's common carrier rates and
      additionally, they plan to implement high speed data and an expanded voice net-
      work for future savings.

-     company C, starting with a nationwide teleconferencing network, foresees a maxi-
      mum negative of 6.8 million DM, 6 years to break even, and estimates by 1989
      1.8 million DM per month savings. They expect more savings as they add voice
      networks and high speed computer to computer applications.

o   company D foresees a maximum negative of 900.000 DM, 7 months to break even, a 450.000 DM per month savings in 1984 and plans to phase in very high speed data transfer and a voice network later.

o   company E sees a maximum negative of 2.7 million DM because they will first implement switchover of a small portion of their present voice network, they will take 5 years to break even and estimate somewhat modest savings in 1984 of 450.000 DM per year. Their real payout will come later as they add teleconferencing for high speed data and electronic mail - the foundation of which they are now establishing.

o   company F projects a satellite peak negative investment of 1.6 million DM, estimates break even on that investment in only 7 months, and expects to be saving 450.000 DM per month in 1984. Additionally, they plan a voice network replacement and high speed data transmission for data center back-up.

Gentlemen, this is only a brief progress report. The savings projected remain to be proven. It is even conceivable the SBS service will not go smoothly into the operation on the schedules now planned. However, after seven years of development and several hundred million Deutsch Marks invested and committed, SBS is now very near its operational date. SBS is today confident that in early 1981 revenue-producing operations will start and the types of applications that I have been discussing will materialize. I am confident some significant level of savings will be realized, as attested to by customers of other satellite communications systems in the United States now in operation.

Are communications satellites relevant in Europe where, for example, in the case of Germany, more modern communication facilities exist and where country distances in many cases are smaller than the United States? We believe so.

If one examines a composite of inter-country rates from Italy, France, Germany, Belgium and the United Kingdom you see much higher rates in contrast to U.S. common carriers and the U.S. satellite tariffs. Even in intra-country communications one can see, at least on the surface, that communications satellites, in today's technologies, are competitive for certain composites of voice or data communications.

As the EUTELSAT plans proceed and other European and Far East countries' satellite plans progress, perhaps within a few years the European and Far East countries will be able to enjoy the communications satellite benefits we predict for the United States. I must, however, tell you in all candor that I believe users will obtain maximum benefits only from a somewhat freer, more open and more competitive telecommunications environment munications environment than presently exists in most European countries. Moreover, if the governments, the telecommunications administrations, users and suppliers approach the problems in a cooperative spirit I am convinced that appropriate solutions can be found which will not undercut the traditional and essentional role of the telecommunications administrations.

Thank you very much.

Dimensionen der ökonomischen Nutzung von Satelliten

B. O. Evans
Valhalla, N.Y., USA

Digitaltechnik, Breitbandübertragung und Lichtwellenleiter revolutionieren die technische Kommunikation. In den USA wird dies noch beschleunigt durch die Entscheidung der Federal Communications Commission (FCC), diesen Bereich dem Wettbewerb zu öffnen.

Eine besondere Rolle spielt dabei die Satellitenübertragung. Die Hauptgründe dafür sind:

o Unabhängigkeit der Kosten von der Entfernung
o Verteilfunktion durch gleichzeitigen Empfang der Nachrichten an verschiedenen Orten
o Große Bandbreiten auch an abgelegenen Orten durch die Möglichkeit dynamischer Zuteilung
o Einfache Verschlüsselung (auch von Sprache) aufgrund digitaler Übertragungstechnik
o Wachsende Wirtschaftlichkeit, die zusammen mit den vorgenannten Gründen neue Anwendungen ermöglicht

Gewisse Grenzen sind noch gesetzt durch:

o Mögliche Empfangsstörungen bei schwerem Regen (was u. U. Ausweichstationen erfordert)
o Laufzeit der Signale, die ca. 1/5 Sekunde von Erdstation zu Erdstation benötigen (Hard- und Software müssen u. U. diesem Effekt angepaßt werden)

Satelliten, die im 4 bis 6 GHz Frequenzband arbeiten, unterliegen Einschränkungen bei ihrer Sendeleistung und benötigen daher sehr große und teure Antennen, teure Verstärker und ein terrestrisches Zufuhr- und Verteilnetz. Neuere Satelliten, die im 11 bis 14 GHz Band betrieben werden, unterliegen diesen Beschränkungen nicht. Daher ist der Betrieb mit wesentlich kleineren Antennen möglich, die auch auf dem Gelände des Benutzers installiert sein können.

Ein Satelliten-System auf dieser Basis plant die Firma Satellite Business Systems
(SBS), an der COMSAT GENERAL, INC., AETNA LIFE INSURANCE und IBM beteiligt sind.
Der Betrieb wird 1981 aufgenommen, der erste Satellit in diesen Tagen gestartet.
Die Erdstationen unterstützen dabei eine Reihe unterschiedlicher Obergänge für digi-
tale und analoge, entfernte und lokale Anschlüsse.

Neben der Sprachkommunikation, die zunächst die Nutzung überwiegend bestimmen wird,
sind besonders folgende neue Anwendungen geplant:

o Verteilung von Dokumenten mit hoher Geschwindigkeit (30 - 60 Seiten/Minute)
o Hochgeschwindigkeits-Datenübertragung (1.3 - 6.3 MBit/Sekunde) für verteilte Com-
  puterkapazität und Datenbanken
o TELECONFERENCING, was hilft Reisekosten zu sparen und Entscheidungen zu beschleu-
  nigen.

Mit einer Reihe großer Unternehmen bestehen bereits Verträge und feste Planungen
für die schrittweise Einführung der genannten und weiterer Anwendungen. Ausschlag-
gebende Gründe sind die Einsparung von Kommunikationskosten für existierende und
die wirtschaftliche Einführung neuer Informationssysteme.

Obwohl die Voraussetzungen unterschiedlich sind, besteht wenig Grund zu der Annahme,
daß Kommunikationssatelliten in Europa keine Bedeutung haben. Damit die Benutzer jedoch den besten Nutzen aus den technischen Möglichkeiten ziehen können, scheint es
notwendig, den Zugang freier, offener und wettbewerbsorientierter zu gestalten.

Model of a Scandinavian Regional Program

Anne-Margrete Wachtmeister
Stockholm, Sweden

Motives for Nordic Radio and TV Cooperation.

Direct broadcasting satellites were first mentioned in the beginning
of the 70´s, as a solution to meet the demand for increased programme
exchange among the Nordic countries. Since then, two consecutive
task forces have been set up under the auspices of the Nordic Council
of Ministers, comprising the ministers of communication, culture and
education in the five countries. 11 reports have been published,
based on the contributions of hundreds of experts, politicians and
civil servants.

But before embarking on the question of Nordic radio
and television via satellite it is necessary to provide some basic
facts about the Nordic countries, Nordic cooperation in general and
cultural cooperation in particular.

Nordic cooperation is not based on a union or a federation. On the
contrary attempts to create a defense alliance and economic union
have failed. To the outsider the differences are probably more
conspicuous than the unity. Only one of the five countries - Denmark -
is a member of the EEC. Three, Denmark, Iceland and Norway, belong
to NATO , while one - Sweden - has declared itself uncommitted in
peacetime with a view to neutrality in case of war. The fifth country
- Finland - has concluded a treaty of friendship, cooperation and
mutual assistance with the Soviet Union, a fact which does not hinder
general recognition of her neutrality.

With one exception, Finnish, the Nordic languages are closely related.
But the majority of Danes, Icelanders, Norwegians and Swedes do have
difficulties in understanding the spoken language of their neighbours,
whereas the written languages present less of a problem.

However, the similar, not to say common cultural background, the same
religious creed, a basically common legal system, and very similar
social and political structures create feelings of Nordic affinity
which are rarely questioned, but merely taken for granted.

Still, there is a need for a Nordic cultural policy. By international
standards the region is small with a total population of 22 million
inhabitants, ranging from Sweden´s 8 million to Iceland´s 250.000.

The official aims for the cultural cooperation are "to promote better
mutual understanding of each other´s languages and a greater sense of
community among the Nordic peoples, to provide a basis for output of
such quality as is beyond the means of each individual country and
thus to develop and enrich Nordic cultural life in its broadest
sense - in the respective countries and among the different ethnic
and language groups in the region."

Claims for Nordic radio and television cooperation date back to the
days when television started in the Nordic countries in the mid-
fifties. Nordic Cultural cooperation, not being as institutionalized
those days as today, grasped the possibilities of the new medium and
urged systematic use of television to strengthen and enrich the
cultural ties between the Nordic countries. Programme exchange, news
exchange, a special Nordic channel, have been proposed, investigated,
rejected or applauded in a long series of study reports, but no
decision has been taken on any cooperation under the auspices of the
Nordic governments. The Nordic broadcasting organisations do have a
programme exchange, Nordvision, but it has not been felt that this
exchange, amounting to about 6% of the total programme fare, is
sufficient.

When the idea of a NORDSAT project, e.g. using DBS technique for
programme exchange among the Nordic countries, was first introduced
it naturally seemed to be the perfect answer to what had been
requested for years in the Nordic discussions. The technique offered
a means of distributing all existing nation-wide radio and television
channels in the Nordic countries throughout the Nordic region.

According to the Task force (Nordic Radio and Television via
Satellite, NU A 1979:4E) the advantages can be summarized in 5
statements:

1 - The idea of broadcasting national radio and television programmes
    throughout the Nordic region is an outgrowth of the desire to
    promote cultural exchange and cooperation among the Nordic
    countries. Satellite technology may be an effective tool in this
    effort.

2 - Expanded Nordic broadcasting cooperation will be a valuable asset
    in the face of cultural influences from outside the Nordic region.
    This asset may assume particular importance should radio and
    television transmissions via satellite from other European coun-
    tries become a common phenomena.

3 - Transmission of all the nation-wide radio and television channels
    in the Nordic countries will offer audiences a variety and scope
    of programming that is beyond the means of the individual count-
    ries acting alone.

4 - Greater exposure to the programming of neighbouring countries
    will contribute to better understanding of one another´s langua-
    ges.

5 - Greater Nordic collaboration in the field of broadcasting can also
    improve the cultural situation of linguistic and ethnic minorities
    in the region.

Number of channels, orbital positions and frequencies

All existing seven television channels can be directly distributed
in the Eastern sector of the Nordic region (Denmark, Finland, Norway
and Sweden), whereas a maximum of five television channels can be
directly distributed to the Western sector (Iceland, the Faroe-
Islands and Greenland (Figure 1).

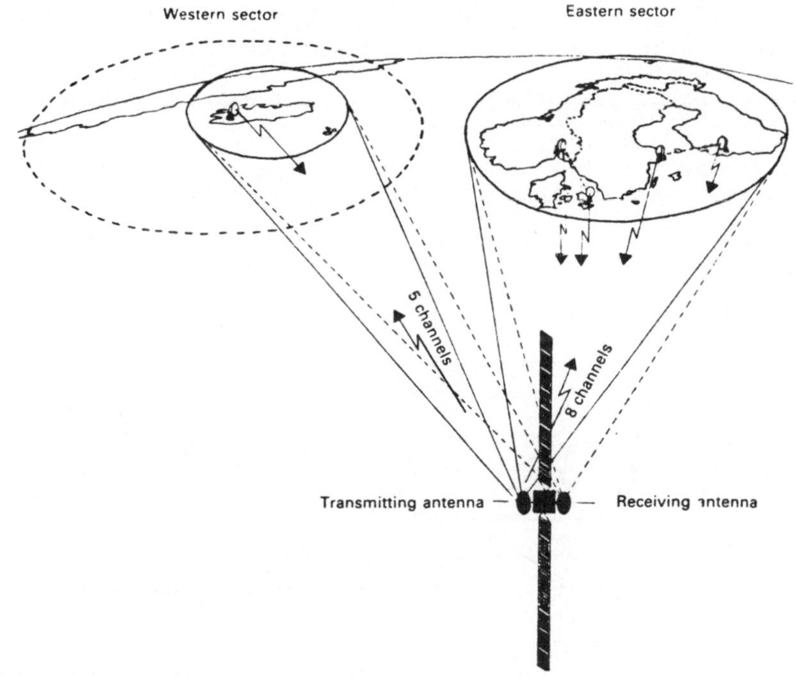

Figure 1: Areas of coverage and earth stations

All existing Nordic radio channels can be transmitted to the Eastern
sector, and possibly ten radio channels to the Western sector.
Further, the system will permit television transmission with a
choice of subtitles in different languages and possibly a choice
of languages over "commentary" channels.

In order to allow for all these services the NORDSAT study assumes
that a new transmission technique, digital modulation, is developed.
This allow for stereophonic TV sound of high quality, though extra
TV set equipment will be required. In this aspect the NORDSAT design
differs from what has been planned for the West German broadcasting
satellite, where digital sound is assumed for the sound radio broadcasting only. Needless to say, a mutual approach in these questions
would be desirable, in order to be able to reach an international
standard which is accepted by all countries.

In the longer term an operational NORDSAT system can free existing
terrestrial networks in the Nordic countries for other types of
services. This is a development which can facilitate decentralisation
of radio and television services on the national level.

The frequency allocations and orbital positions for direct satellite broadcasting are regulated by the WARC 77 plan (World Administrative Radio Conference for Broadcasting Satellites). The Nordic countries occupy the greater part of the channel capacity in position 5°e, which we share with Cyprus, Greece and Turkey.

Denmark, Finland, Norway and Sweden have been allocated five channels each. Three of these offer national coverage, whereas two have been "enlarged" to cover the entire area (Figure 2). Such enlargement of the service area, while a deviation from the basic principle under-lying frequency allocation planning, gained international acceptance at the WARC 77 conference. Thus, the four countries together have eight Eastern Nordic channels.   The Western sector (Iceland, Greenland and the Faroe Islands) has altogether five channels, three of which are assigned to Iceland and two to Denmark. Iceland has five additional channels in her westerly orbital position. The national and regional coverage of these beams is shown in figure 3.

In this context it might also be of interest to show the spill-over zones of the Eastern Nordic beam with (Figure 4) different antenna diameter. Given a standard antenna of 90 cm diameter the spell of Nordic broadcasting might reach as far south as Bonn.

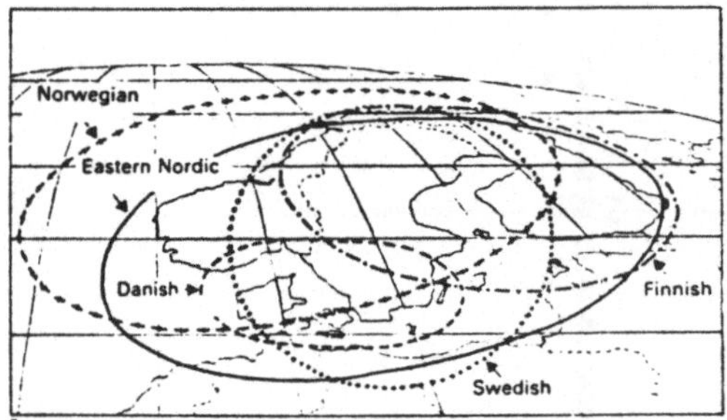

Figure 2 National und regional coverage in the Eastern sector according to the WARC plan

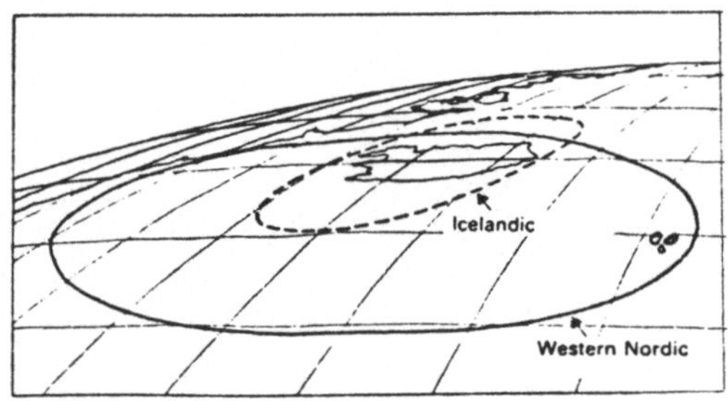

Figure 3 National and regional coverage in the Western sector according to the WARC plan

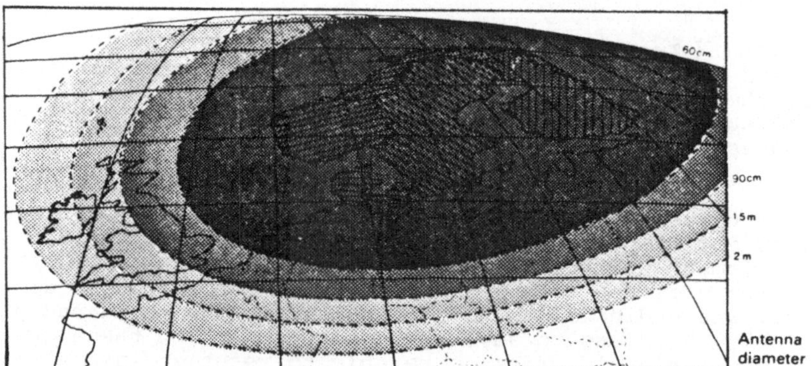

Figure 4   Spill-over from the Eastern Nordic sector with satisfactory picture quality (clear weather)

Technology and costs

The NORDSAT system should make use of satellites each having a
capacity of five channels to the Eastern sector and three channels
to the Western sector. Regular service requires three satellites
in orbit, two operative and one spare with planned lifetimes of
7 years. The system is envisaged to have one earth station in each
country, placed near national radio and television production centres.
Rebroadcasting stations will be necessary for Norway, Iceland and
the Faroe Islands.

Either the American Space Shuttle or the ESA Ariane rocket could
be used for launching.

As for the costs, total expenditures for the transmit system only
for the first 20 years have been estimated to about 1 500 million
DM. The annual costs, including programming costs like copyrights,
translation, etc, could amount to 120 or 90 million DM, depending
on the extent and form of translation. This is equal to approx.
13 DM per Nordic television license holder, or approx. 5 DM per
Nordic inhabitant, on an annual basis.

Household expenditure for the hardware is estimated to range from a
minimum 30 DM for community reception to a maximum 2.200 DM for
individual reception.

Media and Programme Policy

The NORDSAT study has focused heavily on cultural and programme
policy aspects, where interesting challenges as well as controversial points have been brought up.

The question of how the programme fare is going to be used is perhaps the most controversial. An expert study appointed by the task
force, predicts that viewers will probably tend to select lighter
fare from other Nordic countries´programme tableaux, and that
average viewing time will increase somewhat, particularly among
groups who watch relatively much television already, like children
and older people. Language understanding will increase considerably,
particularly among children.

In the public debate, cultural workers and mass communication re-
searchers have contested the claim that NORDSAT would increase
Nordic cultural unity. They argue that the fact that half of the
programme fare - and often the lighter entertainment programmes
- is non-Scandinavian and often the same on all the Nordic
channels, speaks for more foreign than Nordic cultural impact
as a result of NORDSAT. The broadcasters have expressed the same
view, and argued for increasing the existing Nordvision programme
exchange, which takes place within the national channels instead.

The cultural policy which is fairly similar in the Nordic countries
also poses a controversial point for NORDSAT. This policy stresses
the importance of creative activity on the part of amateurs as well
as various kinds of social activities. An overall decentralisation
of both cultural activity and administrative responsibility

for cultural policy has been recognized as essential to the reali-
sation of various cultural political goals in all 5 countries.

It is thus clear that what might seem a great step forward for
Nordic cultural cooperation can also be perceived as a techno-
cratic project with negative implications on the national level.
Behind some of this argumentation one can perhaps distinguish doubts
about television as a relevant medium for information and communication in society, at least when a large number of TV channels become
accessible. But there is also hesitancy in the face of what is considered to be a very costly public expenditure in a period of
weakening economic trends.

It is most important, however, to discuss and analyse the NORDSAT
project in terms of tomorrow´s media structure and not in terms of
yesterday´s or today´s. The increasing sales of Video Cassette
recorders, the perspective of DBS spill-over reception and the
growth of cable systems around the world makes it doubtful that the
monopoly status of the Nordic broadcasting companies can continue
for very long.

Thus, the German satellite project has often been mentioned in the
Nordic public debate as an argument for establishing NORDSAT.
As seen in Figure 5, the spill-over reception possibilities include the majority of the Nordic population, as it covers the areas
with the highest density of population. The increase in viewing
time and in lighter programme viewing at the expense of informative
programmes will come at any rate, it is argued, as a consequence
of the German satellite but within a foreign cultural frame, not a
Nordic, if NORDSAT is not established.

Figure 5   Spill-over from West Germany with satisfactory picture
            quality (clear weather)

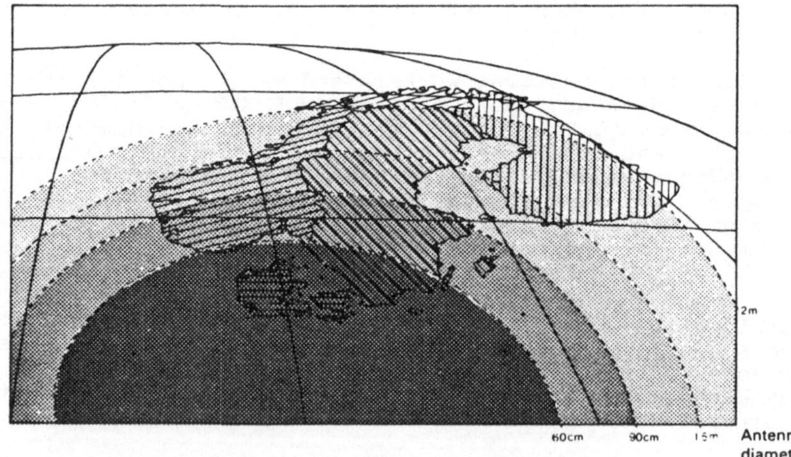

<u>Different countries, different views</u>

Certainly the motives behind the NORDSAT project are not purely those
of increased Nordic cultural unity.

The space and electronics industries have pushed the matter particularly in Sweden, where the interest in space industry has a longer
history than in the other Nordic countries. Sweden and Denmark are
members of ESA, while Norway is considering applying for member-
ship. Sweden has a National Delegation for Space Activities, its
executive organ being the Swedish Space Corporation. These organs
have recently carried out a feasability study of a national experimental telesatellite, the TELE-X project, quite independant of
NORDSAT, but with a potential of broadcasting transmissions. If the
studies can carry on, TELE-X should be ready for launching 1985, including a European platform, either the ESA L-SAT platform or the
platform being developed for the German-French DBS project.

Not only Sweden but each Nordic country actually has its own
specific frame of reference in evaluating NORDSAT.

In Norway, which due to the topography, comes second only to Chile
for high telecommunication costs, a second television channel could
only be set up by using satellite. Terrestrial transmission would
cost far too much, even for an oil-producing country. And the more
countries to carry   the satellite costs, the cheaper the satellite
alternative for Norway´s part.

In Iceland the population is concentrated to the coast areas all
around the island, and it is a costly affair to keep the transmission
network intact all year around. Also, it is doubtful whether a second
television channel could be introduced other than by a joint Nordic
venture, in view of the number of inhabitants. Given its strategic
position, Iceland also has an interest in cultivating its cultural
ties to the Nordic region, overcoming the geographical distance.

One particular factor urging Nordic programme cooperation is the fact
that Finland has a Swedish-speaking minority of approximately
300 000 inhabitants whereas there are about as many Finnish-speaking
people in Sweden, mostly immigrants from Finland. There is a need
for extended radio and television services for these minorities.
Spokesmen for these groups argue that they are not willing to accept
NORDSAT <u>instead</u> of an increased domestic service in their own
language, <u>with</u> programmes about local conditions.

The list of arguments for and against NORDSAT is virtually endless.
Few of those who have studied the project closely find it a clear-
cut case. The standpoints of the labour unions offer an interesting
illustration to the complexity of the project. The Norweigan labour
union is all for NORDSAT, with no reservations. Job opportunities
seem to play an important role, but cultural policy as well. The
Swedish labour union is extremely negative and sees no advantage
at all, but recommends other means to reach the same goals.

The Decision Procedure

The NORDSAT studying and decision procedure in itself offers an
interesting model, unique in its kind, for decision-making about
technical innovations of this scale.

The project was not a response to technical innovation. On the contrary, the technique came long after the need for a cultural programme
of this kind had been expressed. Also, the technical design has been
defined, altered and readjusted continuosly during the study process,
in order to fit the specifications which little by little have emerged as a result of the analysis of cultural and media policy goals.

In addition there has been a very open decision process, with a large
measure of public insight.

As for the formal proceedings, no political decision on NORDSAT has
been taken yet. The report from 1979 has been sent for comment to
approximately 400 national and Nordic bodies. National consultations
are currently taking place in order to provide a basis for a decision about the next step. There will be a meeting of the Nordic
ministers of Education, Communication and Cultural Affairs at the end
of November. This next step could either be information to the members of the Nordic Council, who are members of the national parlia-
ments, or a proposal from the Council of Ministers of appropriate
measures to impliment Nordic Radio and TV cooperation.

The question will be discussed at the annual session of the Nordic
Council in Copenhagen in March 1981. A definite decision should
therefore be expected in Spring 1981.

If the governments should decide to establish total programme exchange, according to the technical study carried out by the Nordic
PTTs and broadcasting companies, operational full-scale NORDSAT
service could commence 8 years after the decision at the earliest.

Final remarks

Finally I would like to draw attention to two different aspects of
Direct Satellite Broadcasting, aspects which the Nordic studies and
discussions have touched upon and which I believe to have relevance
also to other countries.

The first one is about spill-over. Not even more sophisticated beam-
shaping techniques than those known of today will be able to prevent
spill-over reception. The phenomena of spill-over, fairly harmless
as we know it from sound radio reception, actually tends to create
a new media structure in the receiving country, as a consequence
not of a national political decision, but of a decision of a neighbour
country.

Television advertising is one aspect of this problem. Sweden, Norway
and Denmark have decided not to let television carry any commercials
at all, one of the arguments being to protect the income sources of
the press. In February this year a Danish insurance company advertised
their services in the regional NDR television which can be received
on terrestrial spill-over in parts of Denmark. The success was imme-
diate and far beyond expectations. It renewed claims for commercial
TV in Denmark; why should the advertising money go abroad?

Commercial TV is only one example. However the general problems
concerning DBS spill-over are so far-reaching that it is necessary
to discuss if there are other feasible solutions. As for technical
ones: Is semi-direct satellite broadcasting combined with optic fibre
cable systems a realistic alternative in the future? Such a transmission would allow for national or even regional and local sovereignty over media structure.

Or as a programme policy solution: Could the passive concept of spill-
over not be turned into a more dynamic and active one in terms of
cooperation and programme exchange, with partners instead of passive
receivers. NORDSAT can be regarded as a project of this kind, even
if some believe that the study could have gone further into these
questions.

The second and last aspect touches upon the interdisciplinary
character of a project of this dimension. Direct satellite broadcasting has implications for governmental and regional policy in
the fields of communication, cultural affairs and industry. But the
interests in these different fields do not necessarily move in the
same direction, nor at the same speed. The discussions going on in several parts of the world right now clearly reveals inadequate national
structures for dealing with new communication technology, not only
DBS but video, cable etcetera. And with an inadequate national
structure, who can expect the problem to be solved on international
level?

The interrelation among the areas of communication, cultural affairs
and industry is certainly not a new phenomena. But the new communication techniques imply changes in the daily conditions for human
being; in her work and in her leisure. Therefore the need for ambi-
tious, intelligent and comprehensive considerations in all these
areas before taking a decision is greater than ever.

Das Modell eines skandinavischen Regionalprogramms

Anne-Margrete Wachtmeister
Stockholm, Schweden

Das politische Interesse an einer Zusammenarbeit der nordischen Länder im Bereich des Rundfunks allgemein und im speziellen zum Programmaustausch dient dem Bestreben, die kulturelle Zusammenarbeit zwischen
den nordischen Ländern zu fördern. Da die Satellitentechnik einen interessanten und umfassenderen Programmaustausch bietet als andere Arten
der Verteilung, wurden die verschiedenen Aspekte des nordischen Rundfunks über Satellit in zwei aufeinanderfolgenden Gesprächsrunden
1976-1979 unter der Leitung des nordischen Ministerrats untersucht.

NORDSAT umfaßt die Ausstrahlung aller nationalen Hörfunk- und Fern-
sehkanäle der skandinavischen Länder - heute 7 Fernseh- und 11 Hör-
funk-Kanäle - über die ganze nordische Region. Die Anzahl der Frequenzen und die Satellitenposition, die den nordischen Ländern im Plan
con WARC 1977 zugewiesen wurden, erlaubt diesen Umfang an Programm-
verteilung, obwohl die Zahl der Kanäle im westlichen Sektor - Island,
Grönland und die Färöer-Inseln auf 5 beschränkt ist.

Das NORDSAT-System wird 3 Satelliten im Orbit benutzen , zwei operationelle und einen in Reserve. Die geplante Lebensdauer beträgt 7 Jahre. Erdestationen in jedem Land und Umsetzer in Norwegen, Island und
den Färöer-Inseln müssen eingerichtet werden.

Die gesamten Kosten der ersten 20 Jahre werden für das Sendesystem
auf 4400 Millionen dänische Kronen (1500 Mill. DM) geschätzt. Die
laufenden Kosten, einschließlich der Programmkosten, Urheberrechte
usw., können zwischen 280 bis 350 Millionen dänische Kronen (90 -
120 Millionen DM) betragen, abhängig vom Umfang der Programmüber-
setzung. Die auf jeden Haushalt entfallenden Aufwendungen für die
notwendigen Empfangsgeräte werden nach den vorliegenden Schätzungen
zwischen 100 DKr (30 DM) als Minimum bei Gemeinschaftsempfang 6500 DKr
(2200 DM) als Maximum bei Einzelempfang liegen.

Die NORDSAT-Studie hat sich schwerpunktmäßig auf kulturelle und medienpolitische Aspekte konzentriert, wobei interessante Herausforde-
rungen genauso wie kontroverse Punkte zur Diskussion gebracht wurden.

Der Zugriff zu allen skandinavischen Hörfunk- und Fernsehprogrammen,
wird gemäß des Berichts, das Interesse und das Verständnis für die
anderen skandinavischen Länder, ihrer Kultur und ihrer Tradition sowie
ihrer Sprache anregen. Die sich ergebenden Konsequenzen auf den nationalen Medienbereich können jedoch problematisch werden, so z.B.
inwieweit die Menschen ihr Geld und ihre Zeit für diese Programme
ausgeben und in welcher Höhe voraussichtlich Gemeinkosten entstehen.
Allgemein wird von NORDSAT erwartet, daß das Sehen von leichter Pro-
grammkost ansteigen wird. Es wird angenommen, daß die gesamte Sehzeit im allgemeinen nur wenig zunimmt. Dagegen wird erwartet, daß
Kinder und ältere Personen in merklich größerem Umfang zuschauen werden.

Das deutsche Satellitenprojekt wird oft in die NORDSAT-Debatte gebracht, hauptsächlich als ein Argument für die Realisierung von
NORDSAT. Die westdeutsche Satellitenausstrahlung wird den Spill-
over-Empfang in den meistbewohnten Gebieten der nordischen Region ermöglichen. Es wird argumentiert, daß dadurch die Sehzeit und das An-
sehen leichterer Programme in den nordischen Ländern auf jeden Fall
kommen wird aber in einem fremden kulturellen Rahmen und nicht einem
nordischen.

Bis jetzt ist noch keine politische Entscheidung hinsichtlich NORDSAT
getroffen worden. Die Berichte sind zur Begutachtung an ungefähr 400
nationale und nordische Gremien gesandt worden und dort hat eine
sehr intensive öffentliche Debatte stattgefunden. Die Meinungen va-
riierten von sehr positiv bis äußerst ablehnend, wobei sich die Positionen auch von Land zu Land unterscheiden. Im Dezember 1980, so
wird angenommen, wird der nordische Ministerrat seine Entscheidung
auf der Grundlage der Berichte und der angeforderten Stellungnahmen
treffen. Das Projekt wird auf der jährlichen Tagung des Nordischen
Rats im März 1981 in Kopenhagen diskutiert werden. Eine endgültige
Entscheidung kann im Frühjahr 1981 erwartet werden.

Falls die Regierungen entscheiden sollten, einen vollständigen Programmaustausch einzuführen, könnte das NORDSAT-SYSTEM gemäß der technischen Studie, die von den nordischen PTTs und Rundfunkanstalten
durchgeführt wurde, den regulären Betrieb frühestens 8 Jahre nach
diesem Beschluß aufnehmen.

Telecommunications

Veröffentlichungen des/Publications of the
Münchner Kreis
Übernationale Vereinigung für
Kommunikationsforschung
Supranational Association for
Communications Research

Band /Volume 4

Telekommunikation für Bildung und Ausbildung
Telecommunication for Education and Vocational Training

Vorträge des vom 11.–12. Juni 1980 zur
VISODATA '80 in München abgehaltenen
Kongresses
Proceedings of a Congress Held in Munich
During VISODATA '80, June 11–12, 1980
Herausgeber/Editor: K. H. Vöge
1981. 13 Abbildungen. VII, 112 Seiten
(10 Seiten in Englisch)
DM 30,–
ISBN 3-540-10645-6

Telekommunikation für Bildung und Ausbildung wird schwerpunktmäßig dargestellt in zwei Übersichtvorträgen, sechs Fallbeispielen und einer politischen Podiumsdiskussion. Ziel ist, den gegenwärtigen Zustand des Spannungsfelds zwischen Bildungsanspruch und Bildungsvermittlung mittels elektronischer Hilfsmittel zu beleuchten. Dabei soll deutlich werden, in wieweit Telekommunikation nach Meinung der Fachleute heute und in absehbarer Zukunft überhaupt in der Lage oder sogar zwingend notwendig ist, Bildung und Ausbildung zu vermitteln. Schließlich war die seit Jahren festgefahrene Diskussion zur Bildungstechnologie sowohl bei der Bildungsverwaltung und Bildungsausführung als auch bei ihr selbst neu zu beleben.

Band/Volume 5

Neue Formen der Datenkommunikation
New Forms of Data Communication

Vorträge des am 1./2. Juli 1980 in München
abgehaltenen Symposiums
Proceedings of a Symposium Held in Munich,
July 1/2, 1980
Herausgeber/Editor: G. Seegmüller
1981. 145 Abbildungen. XIV, 159 Seiten
(etwa 75 Seiten in Englisch)
DM 43,–
ISBN 3-540-10736-3

Bisher sind die Veröffentlichungen des "Münchner Kreises" ohne besonderen Reihentitel vorgelegt worden. Ab sofort erscheinen sie unter dem Reihentitel **Telecommunications**, so daß der hiermit vorgestellte Band die Nr. 5 bekommt.
Das Buch behandelt die Technik, die Probleme und die Anwendungsmöglichkeiten neuer Datenkommunikationsmedien und -einrichtungen. Dazu zählen insbesondere Breitbanddienste über Kabel, Glasfaser und Satelliten. Es handelt sich um die redigierten Vorträge, welche auf dem Symposium des Münchner Kreises am 1. und 2. Juli 1980 von Fachleuten aus den USA, Kanada und Europa gehalten wurden. Die Vorträge zeichnen sich aus durch hohen aktuellen Informationsgehalt bei gleichzeitiger guter Lesbarkeit auch für nicht auf diesem Gebiet Tätige.

Springer-Verlag
Berlin
Heidelberg
New York

Telecommunications

Veröffentlichungen des/Publications of the
Münchner Kreis
Übernationale Vereinigung für
Kommunicationsforschung
Supranational Association for
Communications Research

Band/Volume 1

Two-Way Cable Television

Experiences with Pilot Projects in North
America, Japan, and Europe
Proceedings of a Symposium Held in Munich,
April 17–29, 1977
Editors: W. Kaiser, H. Marko, E. Witte
With contributions by numerous experts
1977. 70 figures, 8 tables. V, 292 pages
DM 44,–
ISBN 3-540-08498-3

„Mit dieser Übersicht bietet das Werk einen
repräsentativen Querschnitt über den Stand
des Zweiweg-Kabelfernsehens. Die Beiträge
sind in kurzer und prägnanter Form abgefaßt
und werden durch Bilddarstellungen, Fakten
und Blockschaltbilder unterstützt."
Bild und Ton

Band/Volume 2

Elektronische Textkommunikation Electronic Text Communication

Vorträge des vom 12.–15. Juni 1978 in
München abgehaltenen Symposiums
Proceedings of a Symposium Held in Munich,
June 12–15, 1978
Herausgeber/Editor: W. Kaiser
1978. 238 Abbildungen, 11 Tabellen.
XVII, 490 Seiten (156 Seiten in Englisch)
DM 74,–
ISBN 3-540-09060-6

„Der im Jahr 1974 gegründete „Münchner
Kreis", eine übernationale Vereinigung zur
Kommunikationsforschung, hat sich zum Ziel
gesetzt, außer den technischen vor allem
auch die menschlichen, gesellschaftlichen,
wirtschaftlichen und politischen Probleme zu
erörtern, die mit der Einführung neuer
Kommunikationsformen auftreten...
Das Lesen der teilweise in englischer Sprache
dokumentierten Texte erfordert nur selten
spezielle Kenntnisse, Dies sollte auch für viele
„Nichtfachleute" ein Anreiz sein, sich anhand
des Buches einen Überblick über Entwicklungen zu verschaffen, die unter anderem den
privaten Bereich beträchtlich beeinflussen
können." *VDI-Zeitschrift*

Band/Volume 3

Telekommunikation für den Menschen Human Aspects of Telecommunication

Individuelle und gesellschaftliche Wirkungen
Individual and Social Consequences

Vorträge des Kongresses 29.–31. Oktober,
1979, München
Proceedings of the Congress October 29–31,
1979, Munich
Herausgeber/Editor: E. Witte
1980. 71 Abbildungen, 13 Tabellen.
XX, 335 Seiten (52 Seiten in Englisch)
DM 58,–
ISBN 3-540-10036-9

Mit diesem Kongress wurde versucht, eine
umfassende Bestandsaufnahme der Telekommunikation im Hinblick auf die individuellen und gesellschaftlichen Wirkungen vorzunehmen, und zwar unter vielseitigen Aspekten, insbesondere aus der Sicht der Wissen-
schaften, der Medien, des Kommunikations-
und Arbeitsmarktes sowie der Politik.
Im ersten Teil des Kongresses standen die
Anforderungen des Menschen gegenüber der
technischen Ausgestaltung von Geräten und
Prozeduren im Vordergrund. Im zweiten Teil
wurden Probleme der individuellen Nutzung
der Telekommunikation behandelt. Dabei
ging es nicht lediglich um Marktanalysen und
Akzeptanzuntersuchungen, sondern vor
allem auch um die Frage, inwieweit die Bedürfnisse des einzelnen Menschen in neuen
Kommunikationssystemen berücksichtigt
werden können. Im letzten Teil wurden die
gesellschaftlichen Wirkungen der Telekommunikation umfassend und kritisch diskutiert.